U0046946

not only passion

芬芳花園

波斯愛經

The Perfumed Garden

原譯＝理查・波頓爵士（Sir Richard Burton）

編寫＝菲利普・敦（Philip Dunn）

中譯＝陳念萱

not only passion
大辣

dala sex 013

波斯愛經：芬芳花園

The Perfumed Garden

原譯：理查·波頓爵士（Sir Richard Burton）
編寫：菲利普·敦（Philip Dunn）
中譯：陳念萱
責任編輯：呂靜芬、郭上嘉
校對：黃健和
企宣：洪雅雯
美術設計：楊啓巽工作室
法律顧問：全理法律事務所董安丹律師
出版：大辣出版股份有限公司
　　　台北市105南京東路四段25號11樓
　　　www.dalapub.com
　　　Tel: (02)2718-2698　Fax: (02)2514-8670
　　　service@dalapub.com
發行：大塊文化出版股份有限公司
　　　台北市105南京東路四段25號11號
　　　www.locuspublishing.com
　　　Tel:(02)87123898　Fax:(02)87123897
　　　讀者服務專線：0800-006689
　　　郵撥帳號：18955675
　　　戶名：大塊文化出版股份有限公司
　　　locus@locuspublishing.com

台灣地區總經銷：大和書報圖書股份有限公司
地址：242台北縣新莊市五工五路2號
Tel：（02）8990-2588　Fax：（02）2990-1658
製版：瑞豐製版印刷股份有限公司
初版一刷：2006年11月
定價：新台幣 699 元

First published in 2004, under the title The Perfumed Garden By Hamlyn
Publishing, an imprint of Octopus Publishing Group Ltd.
2-4 Heron Quays, Docklands, London E14 4JP © 2004 Octopus Publishing
Group
The Authors assert their moral rights.
Complex Chinese edition copyright: © 2006 dala publishing company

波斯愛經：芬芳花園
The Perfumed Garden

平等歡愉的波斯性愛

文＝卜大中（文化評論家）

看到這本書稿，不看不知道，一看嚇一跳。哎呀，我老人家還以為波斯信回教，男女之防嚴之又嚴，女人帶面紗，穿黑袍，眼觀鼻，鼻觀心，正經八百；男人色咪咪敢不禮貌，喀嚓一聲雞雞落地；再不禮貌，強暴女人，喀嚓一聲，腦袋落地。

波斯者，今之伊朗也。伊朗被什葉派統治，基本教義派是也。全國禁酒禁娼禁嬉戲禁自慰禁一切好玩之事，這是大家的印象。也傳說外國人在伊朗強暴女人、嫖私娼或交女友被砍頭或閹割，男人到伊朗公幹，小雞雞都嚇得縮起剩一點點。恐怖啊，苛政猛於虎啊。

可是看這本書，好像全不是那回事。古時波斯男女的情欲原來如此可愛好玩。男的極盡甜言蜜語之能事，無非求一夕之歡耳；女的極盡風騷淫蕩之能事，無非要讓她喜歡的男人極度歡快。這麼可愛的男女關係怎麼到現在反而越混越回去啦。唉，宗教信到極致真是沒人性啊。原來當時波斯信仰的伊斯蘭教沒那麼不通人性，還是很飲食男女的。就像在儒家理學化之前，男女關係是甜蜜多姿的，一旦禮教吃人後，完啦！閹割啦！

我比較古波斯和古中國的房中術，發現古波斯的男女性術真的是為了歡愉快感、講究高潮的追求和男女性事上的平等。因為男女若在性上不平等，男尊女卑，約束多多，性就不好玩；平等的性關係才可能各盡所能討好對方，希望使對方達到性愉悅。快感和高潮是建立在對等關係上的，因為性高潮的一個特徵是：對方因我而快感，是我也快感的充要條件。古波斯人真懂得此中三昧呀！

上世紀荷蘭有個大大有名的漢學大師高羅佩（R.H.Van Gulik），此君在《中國古代性生活》一書中，以豔羨的口吻對中國人講究男女琴瑟和鳴的性生活神馳不已。他根據的資料是從漢代到唐代流行的「房中術」，講究男女互相取悅

對方，務使對方達到高潮而後已。

高羅佩老兄大概恨透了西方基督教對男女關係的管制、規範與懲罰，尤其清教徒對性的潔癖與厭惡，使許多西方人慘遭性壓抑，包括丹麥哲學家齊克果、美國性學家金賽等，於是寄情於古中國房中術裡的男女性平等與性開放及解放。其實，高老兄大錯特錯了，「房中術」所宣揚的不是什麼現代的性生活平等和諧，而是道家透過性關係達到的長壽養生技術。

養生之道在採補，而採補之時「須候女快」，亦即令女子快感而達到高潮而洩其陰精，然後男子吸取之以補陽。男子千萬不可射精，射了就補了陰，便宜女方了。為了不射，男人要「交不可深」，也不可激動，才能採陰補陽，而且還可「還精補腦」。

《後漢書》中說冷壽光「能善補導之事，取精於玄牝（女陰）之後髮白復黑，齒落復生。御婦人之法，為握固不洩，還精補腦也。」如何「還」、如何「補」呢？《玉房指要》書中說：「交接精大動欲出者，急以左手中央兩指抑陰囊後大孔（肛門）前……長吐氣，並啄齒數十過，勿閉氣也，便施其精，精亦不得出，但從玉莖復還，上入腦中也。」

道家房中術用前戲挑逗女子「爽快大出陰精」，目的並非高老兄幻想的「性的男女平等」或「性的羅曼蒂克」，更非男女深情款款的表現，而是男人長壽補身的「功課」和「採補祕笈」罷了。房中術以女子「深淵」（女陰）誘陷男子，而男人要力避其陰，堅拒女子「採陽補陰」，不只是性關係，更是權力關係；男人怕的是女人強大的性能力對男性權力的剝奪和顛覆，其實就是男人的「閹割焦慮」。

古波斯卻沒有這些問題，男女關係沒那麼凶險陰森。倒是他們的男女之樂與宗教神諭有連結，可能為了保護本書的流傳，也為了使性合法化、正當化吧；而以先知書的文體寫男女淫穢之事，真是一大發明，古今罕見，例如在性交高潮時，還要高喊：「噢！偉大的先知啊！」令人吃驚的是，波斯人性交的姿勢很厲害，包括女方倒立，屁股在空中搖晃。「姿勢就是力量」啊！

看這本書，再與其他古文明的男女情欲關係做比較，會趣味橫生。好書就有這樣的功能。

古波斯的時尙性愛觀

文＝陳念萱

　　每天收到大量色情郵件，總納悶誰這麼多閒工夫免費奉送這在以前相當「昂貴」的資訊。偶爾好奇打開一看，怵目驚心，老實說，不但未能激起性欲，還可能要冷感相當長一段時間（爾後一律通殺），彷彿一切美好的床上運動，全因此成了如此猥褻戲目，難免質疑製作生命的天造地設行爲，眞的要如此難堪嗎？再美的女人，如此公然裸肉橫陳，就如同硬塞一塊「豐腴好肉」給已經打飽嗝的人，可是會引起嘔吐而糟蹋糧食的。

　　如同食量各有大小，每個人的性欲自然很不同，有人可以充分享受份量驚人的好食欲與性欲（如典型的美式上菜方式）；而有人即使是跟自己眞心相愛的伴侶，也只能在各種狀況都要十分良好的情形之下，才偶爾來上一回肌膚之親（如和風料理跟著季節走的堅持），甚至可能堅守唯一的性愛記憶而終生無欲不悔。魚水之歡，是縱身入海，還是在小溪流裡漫遊？各有所好呢！

　　大辣找我翻譯這本書，說是因爲我翻譯的兩本印度小說《河經》與《毘濕奴之死》裡都有專章的性愛精彩鏡頭。呵呵！拿到書時，猶豫了好久。若非書名叫《波斯愛經：芬芳花園》，我還眞不會考慮呢！

　　波斯！波斯！這個縱情聲色的古老帝國，怎能不令人好奇呢？尤其這本書裡講的全是宮廷裡的「資深」性行爲，應該是對許多人相當有幫助的，尤其現代人越來越把性交「動物化」，完全忘記了自己是人類，有別於一般的動物，自然必須享受卓然有別的「格調」，不能隨便發洩了事，

暴殄天物！

本書的內容大膽細膩又眞實，如同現場直播，尤其是鴛鴦戲水的過程裡，重視兩性的對等歡愉，不論是哪一種範例，甚至是被擄獲強迫的性行爲，暴徒仍耐心挑逗直到對方性欲大發，才進行「掠奪」；這是我最感動的部分，強摘的瓜果不甜，既然要吃就要在最成熟的時機入口，過猶不及，都傻帽。

當然其中也有非常陳腐的觀念，譬如男人與女人必須具備什麼樣的條件，才叫做有魅力，或才有資格帶上床，列舉的項目可笑卻相當有娛樂性，或可博君一笑。尤其是作者提議男人射精後不可讓陰莖停留在陰道中，以免造成陽萎的危險，卻又告訴男人，做愛後立即抽出，是不道德的行爲，會影響雙方的情感。許多細微的矛盾，耐人尋味。而其中牽涉到性交醫學的常識，卻非常驚人的先進，如飽腹不可性交且不可立即喝飲料，而慢食、戒絕任何藥物與預防醫學等，都是近年來普遍流行的時尚生活態度，古波斯人，果然不是省油的燈。

層層包裹的回教徒，竟然如此崇尚色情，好個波斯人！

向聶夫札維酋長致敬

文＝理查·波頓爵士

聶夫札維酋長（Sheikh Nefzaoui）的名號如同眾所周知，是這本書的作者，同時這也是他唯一的著作。雖然本書主題特殊、內文出現許多因抄寫者的無知與疏失而導致的謬誤，但這部論述顯然出於博學之士的筆下，作者對文學與醫藥的常識凌駕於一般阿拉伯人。

根據最初手抄本包含的歷史細節，以及記述當時突尼斯統治者姓名的明顯錯誤，我們可以假設本書作於十六世紀初期，大約回曆925年。至於作者的出身地，幾乎可以確定無誤，因為阿拉伯人習慣在自己姓名中加入出生地。他出生於聶夫札亞（Nefzaoua），位於突尼斯王國南部塞布卡梅里爾（Sebkha Melrir）湖岸同名區域的一個小鎮。

酋長本身自述他住在突尼斯，本書很可能是在此城市撰寫。照理來說，一定有特殊動機促使他從事這件與他的品味和退休習慣完全不同的工作。他對法律、文學甚至醫藥的知識傳到了突尼斯的省督（Bey）耳中，這位統治者以下級法官的職務延攬他，但他並不願意出任公職。不過他也不希望得罪省督，以免惹禍上身，於是他請求稍微延後，以便完成手上正在進行的工作。獲省督允許之後，他開始撰寫縈繞心中的這份著作，此書後來使他聲名大噪，根本無法再從事司法性質的工作。

但這個版本的文章內容並沒有任何證據顯示，聶夫札維酋長被是位背德之輩。任何人只需瀏覽本書便可確信，作者出於最高貴的動機，不但不應責難，而且理當因為其人道貢獻而受到感謝。阿拉伯人一反常態，對這本書毫無評論，原因可能出在本書的主題上，嚇壞了正經的學者。但這本書比任何其他書籍更需要評論，因它論述的是嚴肅的課題，並開啟了工作與冥想的廣大領域。

事實上更重要的是，本書不僅研究維繫世間男女福祉的原理，並且探討兩性相互關係，這份關係因為各人個性、健康狀態、氣質與體格而異，而且都是值

得哲學家研究的對象。

每逢出現懷疑與難解之處，或作者意旨表達不明時，我毫不遲疑地尋求學者的協助，我原以爲無法克服的許多困難都迎刃而解。謹在此向他們致謝。

在許多論述類似主題的作者中，沒有人能與酋長相提並論。他的書讓人聯想起《夫妻之愛》（Conjugal Love）的作者亞列丁（Aretin）與拉伯雷（Rabelais），但本書的獨特之處在於嚴肅地呈現最淫亂、猥褻的事物。顯然作者相信他的主題非常重要，其努力的動機純粹出於幫助同儕的意願。

1886年版附註

《波斯愛經：芬芳花園》在1850年之前就被一位駐阿爾及利亞的法國軍官譯成法文。1876年曾印行過手抄版，但是據說只有25冊，因此極其稀有又昂貴，而且因爲格式怪異，讀起來非常緩慢、累人。

幸好最近在巴黎出了令人激賞的重印版，附有譯者的夾註與評論，還加入了對阿爾及利亞文化更多理解所做的修訂與更正。目前這個（比較精確與忠實的）譯文是根據上一版，也是這部鶴立雞群的傑作初次以英文版面市。

| 目錄 |

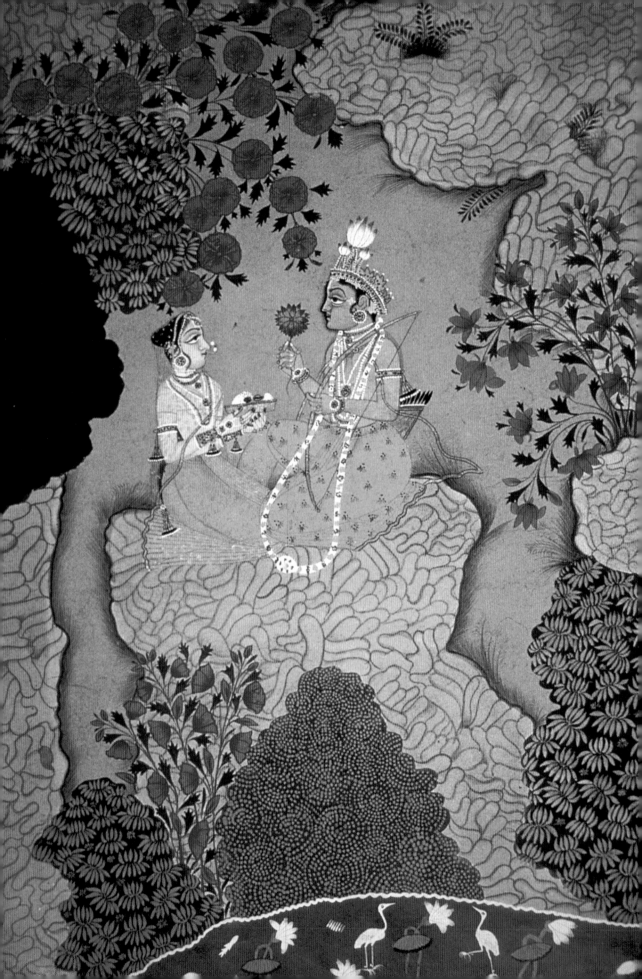

INTRODUCTION

簡介

男人歡愉的源頭在女人體內最自然的私處，而女人歡愉源頭則在男人體內最自然的私密部位。

女人性生活之幸福與美滿，端賴於她對陽物的歡迎程度，而男人也很清楚，該善盡神聖的職責才得清閒。

在性愛的歡愉進行時，一場活色生香的好戲，在彼此之間展開，兩人嬉鬧、親吻並糾纏。在兩個性器官完成接觸後，歡愉便不遠了。男人，為自己的強韌感到驕傲，像個研磨杵子一樣賣力；而女人，以色情淫蕩的動作，曼妙地迎向他。很快地，大多是「太快了」，高潮射精即來臨。

　　大自然賦予我們親吻的能力，以便我們愉快地應用在嘴唇、臉頰與脖頸上，同時吸吮風味絕佳的性感雙唇，以便在熱愛的時光中激起興致而勃起。在女人本能的智慧裡，已巧妙地修飾了乳房，她的頸子上有完美的下顎，雙頰配戴了珠寶與彩妝。女人也有點燃愛情的雙眼，眼睫毛俐落如刀刃，再加上一個令人愉悅的肚臍，強化了的整體美感。圓潤又輕巧起伏的腹部，以及她細緻華貴的雙臀，支撐在美妙的雙腿上。

　　而在這些容光煥發的肌肉之間，擺設著愛欲的戰場，期待感官的挑逗，好似一頭獅子。噢！陰阜哪！多少男人曾為此身亡？自然賦予此地一張嘴、一個舌頭與雙唇，以及形狀仿若羚羊留在沙漠上的小巧腳印。

　　這所有的一切，被兩條美妙的圓柱支撐著，見證了生命的力量與智慧；既不長也不短，配戴著珠寶的雙膝、小腿與腳踝又更添風采。女人在光彩奪目、滿室春光的海洋中遨遊，穿戴著珍貴的服飾，她的臉蛋揚起了笑容的光輝。

　　女人的美麗與情欲是對生命的歌頌，她天然的秀髮、蠻腰、喉嚨與乳房的晃動、妖豔的姿態，更助長了性愛的渴求。

　　宇宙的榮耀賦予女人降服所有男人的力量，而為此愛戀所蠱惑，不論他們是強是弱。

　　而與所愛之人分離，則為胸腔注入更炙烈的火焰，延燒愛的火苗，將我們填滿了順服、羞辱與神秘，以致於所有行為都被激情牽制而陷落；這一切都是性愛結合後產生熱烈愛欲的結果。

　　我感謝所有的生命與自然，讓男人無法抗拒美麗女子的誘惑，沒有一個男人能夠從占有的欲望中解脫。

　　我也見證了我們的真主穆罕默德，神的僕人以及先知之主（願神的祝福與悲憫灌注給他與他的一切）。我保留我的祈禱文與祝福直到審判日——願神讓他們都聽得見！

HISTORY OF THE PRESENT WORK

本書緣起

我根據一本內容涉及繁衍之神秘的小書——《宇宙之光》（The Torch of the Universe）來完成本著作。這本書受到一位來自突尼西亞的大師的注意，他是阿貝哈西大君（Abed el Aziz el Hafsi）的守護者、詩人、伴侶、摯友以及私人秘書，也是個賢明、誠摯又睿智的忠臣，他是當代最有學問的男人，更是最常被諮詢見解的人。他的名字是穆罕默德・瓜納兆衛（Mohammed ben Quana ex Zouaoui），隸屬於兆衛族（Zousouas）。他的童年在阿爾及利亞成長，並在此成為阿貝哈西大君的摯友。

西元1510年，西班牙人征服此地的那天，阿貝哈西大君與他一起逃亡至突尼西亞，而在那兒任命他為首相。

　　當這本書傳到他手中時，他急迫熱切地邀請我過府拜訪，我立即到了他家，並受到極其熱誠的招待。三天後，他來看我，拿出這本書，說：「這是你的作品。」

　　看到我滿臉通紅，他補充說明：「你沒有理由感到羞恥，這本書寫的都是事實，沒有任何內容會惹惱任何人。你並不是第一個涉及這類事情的人，我相信這本書裡的知識應該廣爲人知。只有那些愚昧又膽怯的人，才會迴避或嘲笑它。不過，我有些建議，希望你能添加進去。」

　　我問他是哪些需要添加。

　　「當然，閣下！」我如此回覆他的評論：「我會完成你的任何要求。」

　　我立即著手編撰這本論述，並將之定名爲《心靈休憩的香水花園》（The Perfumed Garden for the Repose of the Mind）。

◆

第一章

Concerning Praiseworthy Men

值得讚賞的男人

記住啊！首相閣下（願神祝福您！），這世界上有各種男人和女人，有些人值得讚賞，某些人卻需要被批判。

當一個值得讚賞的男人和女伴在一塊兒時，他的陰莖逐漸成長而壯大，朝氣蓬勃而堅硬。他極其緩慢地射精，在精液射出的痙攣後，很快地又再度勃起。

這樣的男人讓女人熱愛讚賞且趨之若鶩，她們對男人大部分的愛來自於性欲。陰莖需要好好地磨練，胸膛輕盈而臀部壯實。他射精的速度緩慢卻要快速勃起，而他的小伙伴必須完全深入陰道，讓自己全然舒暢愉快地填入。

天賦異稟的男人將備受珍惜。

女人渴求的男人質地
Qualities Which Women Look For in Men

　　我曾聽說過，在特定的日子裡，阿貝莫理克大君（Abel el Melik ben Merouan）會找他的妃子萊拉（Leilla）前來，詢問許多事情，在這些問題中，他曾問她，一個女人需要男人具備什麼樣的質地。

　　她如此回答：「他們必須有像我們一樣的雙頰和頭髮。事實上，他們必須要像你，若一個男人沒有了財富與權勢，就引不起女人的興趣。」

陰莖的長度
The Length of the Penis

　　取悅女人的陰莖，最長不得超過二十二公分，而最短不能少於十五公分。男人的陰莖若少於十五公分，那麼他的享受將不痛不癢。

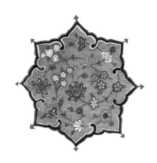

做愛時利用燃香與香水
Using Scents and Perfumes During Love-Making

默賽拉瑪的故事 The Story of Mosailama

燃香與香水能同時刺激男人與女人的性慾。女人吸入男人的香水味時,她將失去自制力,因此賦予他強而有力的媒介來占有她。

我聽說過跟這相關的故事。凱斯(Kais)之子默賽拉瑪(Mosailama),這冒牌登徒子,宣稱擁有天賦的預知能力,還仿效穆罕默德說自己是上帝的先知。運用這樣的方式,他以及許多的阿拉伯人干犯全能真神的憤怒。

默賽拉瑪捏造謊言曲解可蘭經,特別是可蘭經裡提到天使加百列來到先知面前的那段章節。這段故事裡宣稱,某些邪惡的男人來見默賽拉瑪,他對他們說:「天使加百列送給我一段類似的章節。」

而在這段類似的故事裡,有個貝尼泰敏族(Beni-Temin)的女人,名叫仙嘉·泰敏尼亞(Sheja er Teminia),也宣稱自己是先知。她聽人提起過默賽拉瑪,而他也聽說過她的名號。

這個女人勢力雄厚,因為貝尼泰敏是個相當龐大的種族。她說:「同時出現兩個先知是不對的,若他是真正的先知,那麼我和我的徒弟們將遵循他的律法;如果我才是真的先知,他和他的徒弟們必須跟

隨我的教法。」

於是仙嘉寫信給默賽拉瑪，信件內容如下：「在同一時期出現兩位先知是不恰當的，所以我們雙方的弟子們必須會面，彼此較量一下教律。我們將面對面討論上帝的啓示，不管結果如何，都必須遵從被評斷為眞先知者的律法。」

她把信交給使節並對他說：「帶著這封信去亞瑪瑪（el Yamama），把它交給默賽拉瑪‧凱斯。我和我的徒眾們隨後便到。」

第二天，女先知率領大隊人馬前往亞瑪瑪。他們到達後，便派使節入城會見默賽拉瑪，並親手把信交給他。

默賽拉瑪讀完信後，完全理解信中的暗示。他顯得心神不寧，立刻召集顧問團，但他們也束手無策，僅有一人說出了以下的提議：

「默賽拉瑪，冷靜下來，擦亮你的眼睛，我以父親勸告兒子的角色來建議你。明日上午，在城牆外搭起一座五彩繽紛的錦緞帳棚，把它裝飾得富麗堂皇。裡面擺放各種芬芳的香水，如琥珀和麝香，以及香氣襲人的花卉如玫瑰、橙花、黃水仙、茉莉花、風信子和石竹。都備齊後，再添加綠沉香、龍涎香、水蘇及其他愉悅芬芳的香精寶瓶。接著，把這座帳棚緊緊地封起來，以免香氣散去。當馥郁芬芳的蒸汽讓

帳棚內充滿了水氣時,你就坐上寶座,讓人去把女先知請來,而她將
與你在此獨處。在她吸入這些芬芳的香精時,將會感到非常愉快,筋
骨鬆弛,體態也會開始輕盈地搖擺起來。在你占有她之後,她就再也
不會給你帶來任何麻煩了。」

「你的建議非常好,」默賽拉瑪表示:「天哪!這真是個好主意。」

　　於是，他執行了這項計畫。直到他看見香精凝聚，讓帳棚充滿了芳香的水氣時，便坐上寶座，讓人去把女先知請來。就在他們獨處後，他開始跟她說話。當他跟她說話時，她的意志力開始失控，好像忽然被雷打到而迷糊了起來。

　　看到她處於這樣的狀態，他知道她想要做愛，於是他說：「過來讓我占有妳的身體，這裡就是爲了這目的而準備的。告訴我妳想要什麼姿勢來配合，看是要在妳的背上，四肢並用，還是祈禱的姿勢，像是三腳鼎立那樣把頭撐在地上，而臀部翹在空中……然後妳應該會很滿足。」

　　「每種你提到的方式我都要，」女先知答覆：「讓我享受所有的歡愉，噢！偉大的先知們！」

　　他立即占有了她，用每種方式與其承歡。

　　完事之後她說：「離開此地後，我會期待你的求婚，而我將接受此一婚約。」

　　於是她離開了帳棚，走到詢問會面結果的徒弟面前，如此回答他們：「他向我展現了偉大先知的力量，是上帝賜予他的能力，而我知道他說的是事實：服從他！」

　　默賽拉瑪果真要求她下嫁給他，而這項要求被接受了。當信徒們詢問他未來新娘的嫁妝時，他回答：「我免除你們做傍晚的祈禱文。」

　　如今貝尼泰敏族人被詢問爲何不做此祈禱文時，他們會如此回答：「因爲我們的女先知領悟了眞理之道。」

　　事實上，直到今天，他們再也沒有遇到她以外的先知。

　　默賽拉瑪的死訊由阿波貝克（Abou Beker）的先知發佈（願神眷顧他）。他其實是被自己的門徒所殺，有人說是賽凱瑞（Zeid ben Kherrab），也有人說是烏夏（Ouhsha）。

　　而仙嘉，她悔恨不已而變成了回教徒。後來嫁給了先知的門生。

　　故事到此結束。一個男人若想成功地擄獲女人，就必須給予特別的眷顧。他

的服裝必須雅致整齊，舉動優雅迷人，看起來特別出眾，還要誠懇殷切、慷慨、勇敢。他不能言語乏味，必須扮演好伴侶。他必須誠信，若做出承諾，就要不計代價地履行。他必須始終說實話，永遠成功地達成任務。最後，喜歡吹噓自己風花雪月豔史的人，是最沒有吸引力的男人。

幽默感的重要性
On the Importance of Humour

巴盧的故事 The Story of Bahloul

　　我曾聽說，有個叫做瑪冒（Mamoun）的國王，底下有一個弄臣叫巴盧（Bahloul）。有一天，國王為了向巴盧展示自己的仁慈，賜給他自己所有衣服中最好的一件——鑲金的錦緞袍子。

　　巴盧收到禮物後非常興奮，並往首相府邸的方向走。適巧，美麗的哈都娜（Hamdouna）從宮殿的屋頂上看到他，便跟自己的僕人說：「看哪！巴盧穿著非常漂亮的金袍子，我該如何從他那兒偷過來？」

　　「我的王妃啊！這簡直是不可能的任務。」女僕說。

　　「我想到一個非常聰明的方法。」哈都娜回答。

　　「但是巴盧是個狡詐的傢伙，」僕人說：「很多人都以為騙得了他，但最後總是他贏。放棄妳的計畫吧，親愛的王妃！他會設下陷阱，而妳終將因此痛苦不已。」

「不！我要試試看。」哈都娜回答。

於是她派遣了自己的隨從去邀請巴盧到訪，而他也欣然同意了。

他抵達時，哈都娜迎接他：「巴盧，你是來聽我唱歌的嗎？」

「當然哪！王妃，我一直聽說妳有天生的好歌喉。」

「聽完我唱歌後，可願意跟我一起享用茶點？」

「當然。」他回答。

她開始用不可思議的方式吟唱，讓那些聽到她歌唱的人幾乎因愛欲而瘋狂至死。

巴盧聽過她的歌聲後，她派人送茶點到他面前。在他忙著吃喝之際，她說：「不知道爲什麼，我有種感覺，你會願意用你的袍子來回報我。」

「啊！我的王妃哪！我曾立下誓言，只將這袍子贈送給跟我做愛的女人。」他說。

「你知道這代表什麼意思嗎？巴盧。」

「當然知道，」他回答：「參與別人做愛的過程是我的工作，我常指導別人做這種事情，教他們承歡的技巧以滿足女人的渴求，教他們如何擁抱，如何才能達到高潮。有誰能比我更懂得如何交合呢？」

哈都娜，瑪冒的女兒，又是首相之妻。天生麗質並儀態萬千，任何人見到她都要目眩神迷。她是當代最美的女人，威武的英雄見到她，都將臣服而謙恭地垂下眼瞼不敢直視，以迴避誘惑。任何男人見了她，都會身陷困境，即便是巴盧也心生恐懼而避免直視，以免陷落於她的美麗。她之前便召喚過他許多次，但他害怕失去平靜與尊嚴，因而這是他第一次接受召見。

巴盧開始跟她交談，每次抬頭看到她都要把視線移開，懼怕自己隨時可能因燃起激情而失控。他明白哈都娜熱切地渴望得到金袍，但他決心堅持到底，除非她付出代價。

「你要什麼代價？」她問。

「性交，我美麗的女人。」

「你明白我們在交易什麼嗎？」

「沒有任何人比我更懂得女人，我非常清楚女人喜歡什麼。聽著，王妃，這世間的男人根據自己的喜好從事各種各樣的職業，有人獲得，就有人給予；這一方販賣，就有另一方購買。但沒有一樣東西能吸引我，我的靈魂渴望愛並占有美麗的女人。我治療那些因愛而受苦的人們，並解放那些飢渴的陰阜。」

哈都娜聽到這些話的時候，變得興奮而好奇地檢視著巴盧雄偉昂然的陽具。一開始她想：「給他吧，」繼而又想：「不，我該拒絕他。」在舉棋不定之時，她感覺到自己雙腿間的歡愉，愛欲的分泌物已開始流動。她再也無法抵抗想交合的念頭，一邊安撫著自己的恐懼，一邊安慰自己即便是巴盧吹噓他戰勝了她，也不會有人相信他的話。於是，她要求他脫下袍子並進入房間裡，但巴盧回答：「只有在滿足了欲望之後，我才會脫下袍子。」

因欲情而顫抖，哈都娜站立起來，解開自己的腰帶離開了房間。

巴盧跟在她身後，咕噥著：「我是清醒還是在作夢？」

他們走進更衣室後，她倒在一張絲綢頂帳的床上，全身顫動著，把身上的袍子拉到雙腿上，直到全身赤裸地展現在巴盧的瞪視之下。他檢視著她的肚腹優美的弧度，她的肚臍上宛如一只金碗中的珍珠，而他讓自己的眼神繼續往下瀏覽，看見了一個天生尤物，雙腿炫目雪白巧妙伸展。

於是他熱情地緊緊擁抱哈都娜，很快地看見她臉上所有的表情退卻，臣服在他身下，雙手緊握著他的陽具，熱烈地撫弄它。然後巴盧說：「妳為何如此騷動不安？」

「安靜，浪蕩子，」她答道：「我就像熱浪中的雌馬，你說的每個字都讓我亢奮，你絕對有本事勾引世上最聖潔的女人。現在你打算以歡愉來廝殺我嗎？」

「或許我就像是妳的丈夫一樣？」

「或許是，但女人有可能為任何一個男人欲火中燒，不管他是不是

自己的丈夫。就像公馬對母馬一樣，不過雌馬一年中只在特定的時間裡跟公馬交配，而女人卻隨時會被愛欲的激情話語挑起熱情！這也是我現在想要你的原因，所以別再拖延，我丈夫快回家了。」

「噢！我的王妃，我的腰背軟弱無力，無法騎在妳身上，因此請妳爬到我身上，扮演男人的角色，如此便可拿走我的袍子，我亦會乖乖離去。」

語畢，他躺下來擺出女人慣用的姿勢，而他的陰莖在她的雙腿間抬起頭來。

接著哈都娜跨到了巴盧身上，抓住他的小傢伙並仔細地檢視它。她被它的尺寸與碩大的形狀震驚不已，而它的強壯與堅硬，亦令她十分愉快。

「這便是女人感到失落並招致許多困擾的源頭呀，巴盧，我從沒見過男人擁有如此壯碩的玩意兒。」

她抓住它的龜頭搓弄著自己私處的陰唇，立即使得這部位淌出水來。她的陰阜似乎在呼喊：「來啊！趕快進來吧！」

然後巴盧將自己的陰莖引入，她也壓低緊縮了陰道迎上前去，讓陰莖完全深入她的暖爐，寸丁無餘於她的身體之外，連一點蹤跡都無法尋覓，她大叫：「我們竟然如此地淫蕩，尋歡作樂令人無法厭倦。」她前進後退地移動，像個搖動中的濾篩，而且動作如此精緻幽雅，前所未見。

她持續著這樣的動作，直到巴盧達到高潮，極樂的片刻隨即來臨，她的陰道緊縮，彷彿幫浦抽吸著巴盧的陰莖，就像嬰兒吸吮著母親的乳房一樣。兩人同時達到徹底的歡愉，雙雙感到全然的滿足愉快。

接著哈都娜將他的陰莖抽拔出來，仍持續在手中輕輕地撫弄。盯著它瞧說：「這是一個勇敢又強而有力的男人最好的證明。」她用絲綢手帕擦拭它和自己，便站立起來。

巴盧也站了起來並往外走。

「袍子呢？」她問。

「什麼？妳才享受了騎在我身上的特權，現在還想討禮物？」

「你不是說因為腰背疼痛而不能騎在我身上？」

「沒關係，」他回答：「頭一回是為了妳，第二回便是為我。這就是袍子的代價，然後我就會離開。」

哈都娜便對自己說：「既然都已經開始了，也只好繼續下去。」

動念至此，她又躺了下來，但巴盧說：「妳若不脫光衣服，我便不再與妳做愛。」

因此她脫光了所有的衣服，而巴盧則目眩神迷地陶醉在她美麗胴體的風姿下。他開始細細地近距離觀賞她，注視著曼妙勻稱的雙腿，秀色可餐的肚臍與雪白的肌膚。她的腹部像座典雅的拱門般圓滑地輕巧起伏，而她那高貴壯麗的飽滿乳房，就如同完美的繁花綻放。她的脖子如羚羊般玲瓏修長，微張的嘴唇如指環，而鮮潤的雙唇豔紅如滴血的長劍。她的皓齒白如珍珠，雙頰如玫瑰，明眸黑白分明，柳眉彷彿高雅的彎月。

巴盧開始擁抱她，吸吮她的雙唇，親吻她的喉嚨，他的嘴唇滑動到她的臉頰上。他輕咬著她的乳房，暢飲她甜美的唾液，又啃咬她的雙腿。他持續這些動作，直到她無法說話或張開眼睛，全然沉浸其中。然後他親吻她的陰唇，讓她陶醉於無盡的歡愉中。他的眼睛憐愛地瀏覽著她的私處，那兒就像是個華麗的權貴圓頂。

「噢！天哪！男人的致命吸引力！」他大叫，並持續著親吻與啃咬。哈都娜交疊著雙腿，夾住巴盧的陰莖，引它進去。這回輪到他移動他的臀部，而讓她迎合著他演出性愛的雙人舞。她如此熾熱地進行著，乃至於雙方同時達到對等的歡愉。

巴盧於是站起來，擦拭他的小傢伙及她的陰阜，並期望自此便能對她免疫。

「那袍子在哪兒？」哈都娜問：「你在開我玩笑嗎？」

「噢！王妃哪！我只能在妳付出代價後才能投降。」

「代價到底是什麼？」

「妳得到了妳喜愛的，而我也是。第一回是爲了妳，第二回是爲我，而第三回就該輪到袍子了。」

巴盧於是脫下袍子，折疊起來交給哈都娜，而她早已躺下去並說：「做你要做的事吧！」

他立即趴到了她身上，只推一下就讓自己的傢伙完全進去了。然後他就像個研磨杵子般勤奮地工作，而她也搖晃著她的臀股。他們就一直這樣進行著，直到雙方都達到高潮。然後他站起來，擦拭他的傢

伙，丟下袍子就走了。

哈都娜的僕人跟她說：「我親愛的王妃，我不是跟妳說了嗎？巴盧是個狡詐的男人，妳根本沒有賭贏他。人們常嘲笑戲弄他，但他才是真正嘲弄別人的人。妳為什麼就是不接受我的忠告呢？」

「別拿妳的想法來煩我，我早就知道會發生什麼事。巴盧是個淘氣的邪惡男子，但他有權力對我做這些事，不管合不合法，是出自愛還是恨。」

正當她們談論著的時候，有人在敲著門。僕人問是誰在那兒，然後她聽到巴盧回答：「是我。」哈都娜猜不透這弄臣現在又想怎樣，而開始感到害怕。僕人前去問他到底要幹嘛。

「給我一杯水喝。」他回答。

她給他一杯水，飲畢，他還將杯子摔碎在地面上。僕人關上門，留下巴盧坐在梯階上，他就一直待到哈都娜的丈夫回到家。

「巴盧，你在這兒幹嘛？」他問。

「我的主人，我正準備要上街時，忽然覺得非常口渴，一個侍者前來給我一杯水，但杯子從我手中滑落而打碎了。哈都娜王妃為了要我補償損失，便拿走了蘇丹給我的袍子。」

「把袍子還給他！」丈夫命令著。

這時候哈都娜從房裡走出來，而她的丈夫責問她，是否真的拿走金袍來補償杯子的損失。哈都娜恐懼地顫抖著大叫：「你做了什麼，巴盧？」

「我跟妳的丈夫告白了我愚蠢的行為，請用智慧跟他說明。」

哈都娜非常佩服他耍弄的詭計，便將袍子還給他，讓他從容離去。

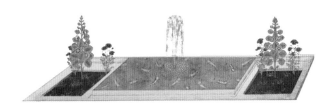

◆

第二章

Concerning Praiseworthy Women

值得讚賞的女人

首相啊！（願上帝憐憫你！）您該知道，這世界上有許多不同的女人，有些非常值得讚賞，有些則不值一顧。

讓男人興味盎然而趨之若鶩的女人，必然擁有天生麗質的胴體。她的秀髮烏黑亮麗，前額寬廣，眉毛濃黑如衣索匹亞人，水汪汪的大眼黑白分明。她有著完美的鵝蛋臉，還有高貴的鼻子和典雅的嘴。她的雙唇如舌頭般朱紅，呼吸怡人，頸子修長圓潤。她的胸部與臀部圓滿，乳房飽滿尖挺，腹部比例均衡，肚臍發育良好而深陷。她的陰阜必須紅潤顯眼，從恥骨到臀部的整體皆嬌嫩甜美，陰道緊實濕潤，觸感柔軟而溫暖。她的雙腿與臀股必須結實有力，蠻腰纖細滑順，雙手與雙腳雅致修長，雙臂飽滿圓滑。

女人若擁有這些特質，從前面看她，會令人心生歡喜而渾然忘我，從後面望

去，則有一股致命的吸引力。觀賞她的坐姿，有如一座輪廓圓滿的山丘；她躺下時，就像是一張富麗堂皇的床綈；而她站立時，便儼然是座旗幟鮮明的聳立標竿。她行走時，光可鑑人的胴體若隱若現地藏匿在服飾下。

她鮮少沒來由地大聲說笑，她足不出戶，更不會到處串門子。她沒有女性知己，也無人分享秘密，只有丈夫是她唯一的支柱。她只從丈夫或他的親戚那兒接受禮物，若有親友到訪，她絕不會進屋打斷他們的交談。她不叛逆也沒有任何隱藏的缺點。她絕不惹人厭煩，若她的丈夫想親密承歡，履行夫妻義務，她會順從其欲望，有時甚至不必丈夫開口，便伺機以待。

她總能適時地幫助他的事業，從不抱怨哭鬧。在他沮喪悲傷時絕不大聲說笑，而是分擔他的煩惱、關懷他，直到愁雲散去，見到他心滿意足才會安心。除了自己的丈夫，她絕不把自己交給任何人，即使禁欲會造成她的死亡。她小心翼翼地遮蓋住自己的私處，並讓自己看起來乾淨清爽，任何可能讓丈夫嫌惡的東西，她都收拾得很隱密。她塗抹芬芳的香精，牙齒保持清潔芳香。所有的男人都該憐惜這樣的妻子！

多羅拉米的故事 The Story of the Negro Dorerame

故事是這樣的，天曉得這有多少真實性。從前有個勢力龐大而領土廣闊的國王，擁有許多的軍隊和聯盟。他的名字是阿里・帝羅米（Ali ben Direme）。

有天夜晚，他輾轉難眠，於是召喚侍從、首相、警察署長以及侍衛長通通全副武裝前來。沒人敢稍有拖延，眾人問道：「有什麼指示嗎？」

國王說：「我今晚睡不著，想繞城走一圈，你們就待在我身旁保護我吧。」

「悉尊照辦！」他們說。

國王於是出發，隨從緊跟在後，陪著他走遍大街小巷。

他們一直走下去，直到聽見街上傳出噪音。他們看見一個男人趴在地上瘋狂地打滾，還用石頭搥打自己的胸膛大吼大叫：「啊！天底下沒有正義了！難道就沒有人可以告訴國王，他的國土正在發生什麼事嗎？」他又繼續不斷地喊：「天底下沒有正義啦！她失蹤了，全世界都在呼嚎哀悼。」

國王向隨從說：「小心地把這男人帶過來，不要驚嚇到他。」隨從們走到他面前，牽起他的手跟他說：「站起來，不要怕，沒有人會傷害你。」

那男人回答：「你說我不會被傷害，沒什麼好怕的，但你仍沒有善

待我！能夠給予安全可靠又寬容的承諾，才是善待別人，若未能善待別人，自然會置其於恐懼中。」於是他起身跟他們走到國王面前。

國王站著不動，用頭巾遮住自己的臉，隨從們也跟著這樣做，並握起手中的劍，緊緊地靠著。

這男人靠近國王時，他說：「向您致敬！噢！男人啊！」

國王回覆：「我也向你致敬，噢！男人啊！」

「您爲何說『噢！男人啊！』？」男人問。

「那你又爲何說『噢！男人啊！』？」國王反問。

「因爲我不知道您的大名。」男人說。

「同樣地我也不知道你的！」國王回覆。

國王又繼續問：「我剛剛聽到的那些話是什麼意思？告訴我，到底發生什麼事？」

「這件事只能告訴有能力幫我報仇，並讓我從愁雲慘霧和羞恥中解脫的人，若眞能如此，讚美全能的眞神！」

「願神安排我來爲你報仇，將你從愁苦與恥辱中解救出來！」

這男人說：「這件事相當不可思議又令人訝異。我深愛一個女人而

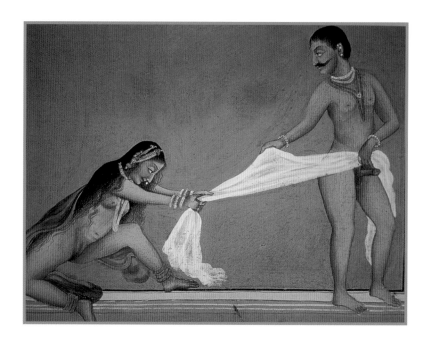

她也同樣愛我，我們因愛而結合。這樣的熱戀持續了好一段時間，直
到一個老女人拐走她，將她帶到一棟不幸的房子裡，那裡既羞恥又淫
蕩猥褻。我因此夜夜失眠，失去了所有的幸福，陷入不幸的深淵。」

國王問男人：「那禍患無窮的房子在哪兒，你的女人跟誰在一
起？」

男人答：「她跟一個叫做多羅拉米（Dorerame）的黑人在一起，他
的房子裡有許多像月亮一樣嫵媚動人的女人，即便是國王的後宮都不
比不過。他的情婦全然地崇拜仰慕他，並供給他所有需求，包括金銀
珠寶和華衣美食。」

男人說完便靜默不語。國王非常訝異自己聽到的故事，首相聽了這
段話後更是了然於心，明白那個黑人除了他的家奴還能有誰。

國王要求男人指出到底是哪一棟房子。

「我就算指出來了，您又能怎樣呢？」男人問。

「你等著看吧。」國王說。

「您肯定束手無策的，」男人說：「那是個令人敬畏的地方。而且

屋主是個力大無窮的勇士，若要以武力強行闖入，勢必得冒著生命危險。」

「別怕，告訴我那地方在哪？」國王說。

男人於是起身，帶領大家來到一座有著巍峨大門與高牆的大宅前。

他們仔細地檢視高牆，想尋找一處可以攀爬的角落，卻無功而返。這房子簡直是銅牆鐵壁。

國王轉身問這男人：「你叫什麼名字？」

「奧瑪‧愛薩（Omar ben Isad）。」他回答。

國王對他說：「奧瑪，你決定好要行動了嗎？」

男人轉身對國王說：「是的，願神今晚賜與您助力！」

於是，國王向他隨從們宣告：「你們有決心嗎？有誰能爬上這些高牆？」

「不可能啊！」眾人異口同聲。

國王接著說：「那我來爬吧，但我需要你們的協助。」

「我們需要做什麼呢？」眾人問。

「告訴我，」國王說：「你們當中誰最強壯？」

「警察署長。」眾人回答。

「接著是誰最強壯？」國王問。

「侍衛長。」

「再來呢？」國王又問。

「首相。」

奧瑪震驚不已地聽著。他終於明白眼前正是國王本人，因此感到歡欣鼓舞。

國王說：「那麼還有誰呢？」

奧瑪回答：「我！」

國王對他說：「奧瑪，你現在發現我們是誰了，只要不洩漏我們的身分，你就可以獲得赦免。」

「您怎麼說我怎麼服從。」奧瑪說。

國王於是對警察署長說：「把手扶在牆上，背拱起來。」

警察署長照著做了。

國王對侍衛長說：「爬到警察署長背上。」他依照指示，雙腳踩在警察署長的肩膀上。然後國王命令首相爬到侍衛長的肩上，雙手扶在牆上。

國王又說：「奧瑪，你爬到最高的地方！」因此奧瑪爬到警察署長的肩上，再爬到侍衛長的肩上，接著又站到首相的肩膀上，跟其他人擺出同樣的姿勢。現在就只剩下國王了。

於是國王說：「以上帝之名！」便把手放到警察署長的背上，並補充：「諸位忍耐一下，我若成功了，你們將得到獎賞！」國王用同樣的方式，一直爬到奧瑪的肩膀上，伸手搆到高台，然後縱身一躍，站到了高台上。

國王於是向隨從們說：「你們都可以下來了！」

他們相繼從其他人肩上下來時，都不得不佩服國王的足智多謀，巧妙地運用人力，搭起了四個男人的高度。

國王開始尋找可以爬下去的地方，卻找不到路徑。於是他解開自己的頭巾，將一端打上簡單的結，綁在站立處，一下就溜到院子裡。他在這兒找到房子正中央的入口，但是卻銬著一個堅固的大鎖，他氣急敗壞地說道：「我現在麻煩大了。」

他只好四處察看，檢視自己的方位，並一間間地數著房間的數量。他一共發現了七間房間，每間的裝潢都不一樣，還裝飾著錦緞繡帷以及五彩繽紛的精緻掛軸。

整個勘查了一圈，他看到一個有七層階梯的高台，階梯還發出嗡嗡的低鳴。他靠了過去，說：「噢！真神啊！請憐惜這個提議，讓我平安的來，平安的離開。」

他踏上第一個階梯時，說道：「以悲憫的真神之名！」然後他注意到這些階梯，都是彩色繽紛的大理石，有黑、紅、白、黃、綠以及其他色調。

踏上第二個階梯時，他說：「神助將使我天下無敵！」

在第三個階梯時，他說：「有了眞神的助力，勝利就要降臨。」

而到了第四個階梯，他說：「我已向眞神求取勝利，祂是最有力量的輔助者。」

最後，他踏上第五、六和第七階梯時，都以先知預言般祈求。

他抵達垂掛紅色錦緞簾幕的入口，並從簾後窺視客廳，裡頭燈火通明，掛滿樹枝狀的吊燈，還有許多燃燒著蠟燭的黃金燭台。客廳中央有座麝香噴泉，餐桌檯布層層相連到底，上面擺滿了乾肉與鮮果。

廳裡陳設著鍍金的家具，到處都是各式各樣的華麗裝飾品，富麗堂皇得令人炫目。

再看得仔細些，餐桌檯布旁有十二位少女和七個女人，全都美如明月；他爲她們的美麗與高雅感到震驚，更令他驚訝的是，她們還有七名黑人相伴。他把注意力轉移到一個美得無懈可擊的女人身上，她有一雙黑亮的明眸、鵝卵形的臉頰和柔軟幽雅的小蠻腰；眞是讓愛慕者自慚形穢啊。

國王爲她的美神迷，目瞪口呆地自言自語：「我要怎麼離開這裡？噢！我的靈魂哪！千萬別踏入愛的旅程哪！」

繼續勘查這房間時，他注意到他們手中的杯子都盛滿了葡萄酒，每個人都在吃吃喝喝，而且已經酩酊大醉。

正當他苦思如何擺脫這爲難處境之時，聽見有個女人跟同伴說話，「噢！如此這般，起來點上火燭吧！我們該回房睡覺了，好睏呀。來吧！點上火把，我們回房休息去。」

她們起身掀起幕簾離開了客廳。國王立即躲起來讓她們過去。接著，他意識到她們離開是去做人類都必須做的事情。他於是趁機潛入臥房，藏身在櫥櫃裡。

才剛躲好，女人們正巧返回並關上房門。她們都喝得醉醺醺，還脫光衣服互相擁抱愛撫。

國王心想：「奧瑪說這房子是淫穢不堪的災難，果眞如此。」

這兩個女人睡著時,國王便起身,熄滅了燭火,脫下衣服躺在她們中間。適才她們彼此交談呼喚名字時,他都仔細地記住了,便模仿著跟其中一個女人說:「喂,如此這般,妳把房門鑰匙放在哪兒?」他把聲音壓得很小。

那女人回答:「快睡覺,妳這個妓女,鑰匙在老地方。」

他又再問:「快要天亮了,我得去打開房子的大門呀。」

而她答覆:「鑰匙放在老地方,妳別煩我!睡覺吧,等真的天亮再說吧。」

他又再度說:「喂!如此這般!」

她說:「妳到底想幹嘛?」

「我還是很擔心呀,」國王說:「妳快告訴我鑰匙到底放在哪?」

然後她說:「妳這個賤人,妳的陰道是癢得想做愛了嗎?妳就不能一天晚上不交媾嗎?妳看人家首相夫人,都已經拒絕黑人的求愛長達六個月了!去吧!鑰匙在黑人的口袋裡,千萬別跟他說『給我鑰匙』,而是說『給我你的陽具。』妳知道的,他叫多羅拉米。」

國王終於安靜下來,因為他現在知道該怎麼辦了。等到這女人又睡著了,便起身穿上她的衣服,將臉藏在紅色絲綢面紗下,而他的刀劍,就藏在她們的床底。經過打扮後,國王看起來就像個女人一樣。他小心翼翼地開門溜出去,躲到客廳入口的簾幕後。他看見只剩下少數幾個人仍坐在那兒,其他人都去睡覺了。

國王開始默唸祈禱文:「噢!我的靈魂哪!指引我正確的道路,讓這些人都醉倒吧,這樣他們就不會認出國王現身此地,願真神賜我力量。」

接著他走進客廳,故意搖搖晃晃地踱步到黑人的床邊,好似喝醉了一般。黑人們以及那些女人,都以為他是那個剛回房的女人。

多羅拉米與那個女人交歡時,始終興致高昂,因此他看到她坐到床邊來,還以為她放棄睡眠跑來找他求歡。所以他說:「如此這般,脫下衣服到我床上,我很快就來。」

國王隨即在黑人的衣服堆裡各個口袋翻找鑰匙，卻一無所獲。後來，他抬頭看見一扇高高的窗子，把手伸上去，摸到一件鑲金邊的袍子，把手探進口袋裡，竟找到了鑰匙。

他數了數，共有七把鑰匙，剛好符合這座房子的房門數目。於是，他假裝急著想去嘔吐。黑人跟他說：「真神保佑妳！其他女人早就累倒在床上了！」

國王走到了這座房子的內門，打開它，又開了它後面的一扇門，沿路一道道打開，直到開啓通往大街的第七道門，終於見到了在外守候多時的隨從們。眾人急切地問國王發現了什麼。

「現在不是答覆問題的時候，」他說：「我們趕快進去房子裡！」

首相問國王：「您怎麼穿著女人的衣服？」

國王回答：「安靜！若非這件衣服，我根本拿不到鑰匙。」

他再度進入那兩個女人的房間，脫下他剛剛偷穿走的服裝，換回自己的衣服，並小心地取回刀劍。然後走回黑人們與那些女人聚集的客廳，與隨從們一起隱藏在門簾後面。

看過客廳內的情況後，他們說：「在這些女人當中，沒人比那位高坐在墊子上的女人更美！」

國王說：「我想將她納為己有，如果她不屬於任何人的話。」

就在他們環視著客廳的擺設時，多羅拉米從床上走下來，身後跟著一個美女。接著另一個黑人和另一個女人上了床，如此一直持續下去，直到第七個。他們就這樣一個個地騎上她們，除了前面提到的最美的女人和少女們之外。這些女人看起來似乎是勉為其難地上床，然後下床。交媾完畢之後，個個精疲力盡。

無論如何，這些黑人們持續地縱欲狂歡，一個接著一個。只有那最美麗的女人，對眼前的景象嗤之以鼻，說道：「我永遠也不會認同這樣的事情，而這些處女，我要好好保護她們。」

多羅拉米起身走向她，手中握著他已經完全勃起的傢伙，用它來擊打她的臉和頭，說道：「這已經是妳今晚第六次拒絕我了。」

　　當這女人看見這黑人的堅決毅力，還有他爛醉如泥的狀態，便試圖以假意承諾來軟化他。

　　「坐到我身邊來，」她說：「今夜你的欲望將被滿足。」

　　於是這黑人貼近她，他的傢伙仍勃起如柱。國王幾乎無法掩飾他的驚訝。

　　那女人開始全神貫注地吟唱下面的詩句：

我只願與一名年輕男子交歡，

他是完美的勇士，我唯一的渴望。

他的陰莖壯碩，足以奪走處女的貞操，

而且各個方位皆能豐富地迎合。

它的龜頭宛如火爐，巨大無比，

強壯、堅挺且前端圓實。

它隨時都能出動而永不倦勤，

它從不休憩，始終爲愛處於備戰狀態。

它總等著進入我的陰道，且在我腹部上灑淚，

它毋須求助，甚至一無所求，

它毋須同盟，獨自擔負最沉重的疲勞。

精力旺盛又朝氣蓬勃，長驅直入我的陰道，

在裡頭持續進行著美妙的運作。

先從前面，再轉戰後面，又由右至左，

強勁有力地塡滿我，

用龜頭在我的陰唇上搓磨。

他持續地敲打我的背、我的胃、我的兩肋，

親吻著我的雙頰，吸吮我的雙唇。

他緊緊地擁抱我，讓我在床上翻雲覆雨，

我像一具沒有生命的軀殼夾在他雙臂間。

我身體的每個角落都受到他愛的啃噬，

而他用火焰般的熱吻來融化我。

見我欲火焚身之時，便快速迎向我，

打開我的雙腿並親吻我的小腹，

將他的傢伙放在我手中去敲打我的房門，

他很快便進洞而我將感受到喜樂的降臨。

搖晃我、煽動我，讓我們同時熾熱激奮，

他會說：「接收我的種子！」

我則答：「噢！給我吧！我的愛人！

我自會欣然相迎，因你點亮了我的雙眼！

噢！你是男人中的男人，讓我充滿歡愉。

噢！你是我靈魂中的靈魂，持續你的鮮活有勁，

我不許你將它從我身上抽離，

讓它留在那兒，擺脫今日所有的煩憂。」

他向真神發誓必須連續占有我七十夜，

而他圓滿了自己的願望，

親吻與擁抱都在這所有的夜裡。

當她完成這段吟唱後，國王非常地訝異：「真神竟讓此女這般色情。」並轉身對他的隨從們說：「這女人肯定沒有丈夫，也未曾縱欲墮落。那個黑人顯然是愛上她了，而她依然讓他碰了一鼻子灰。」

奧瑪接話：「這倒是真的，國王！她的丈夫已離開她將近一年，許多男人想要與她交歡，都被她拒絕了。」

國王問：「她的丈夫是誰？」

隨從們回答：「是先王首相之子。」

國王接著說：「你們說得對，我的確聽人說過我父王的首相兒子有個十全十美的妻子，天生麗質，完美無缺，還有曼妙的身材，未曾交媾且純然貞潔。」

「就是這個女人！」他們說。

國王說：「無論如何，我必須擁有她，」然後轉頭問奧瑪：「這群女人當中，誰是你的愛人？」

奧瑪回答：「我沒看見她。」

國王說：「再等一會，我會幫你找到她。」

奧瑪非常訝異國王竟如此熟門熟路。

「那麼這個黑人就是多羅拉米？」國王問。

「是的，而且他是我的奴隸之一！」首相回答。

就在這段對話進行當中，多羅拉米仍想盡辦法取悅那名女子，跟她說：「我已經厭倦妳的謊言，滿月中的滿月。」

國王說：「她的名字還眞是名符其實，她的確是滿月中的滿月。」

這時黑人因爲想強行拉她走而掌摑她的臉。

國王看了妒火中燒並義憤填膺，跟他的首相說：「你看看你的黑人在做什麼！老天哪！他眞該被處以極刑，我要拿他殺雞儆猴，讓其他仿效者心生戒惕。」

此時，國王聽到女子跟黑人說：「你背叛了你的主人首相，玷污了他的妻子，現在又背叛自己的情婦，罔顧你們的情分以及她帶給你的歡愉。她如此愛戀著你，你卻還要追求另一個女人！」

國王對首相說：「注意聽，不要出聲。」

這女子於是起身回到她原來的座位上，又開始唱誦：

噢！男人哪！聽仔細，我要談談女人這個話題。

她對性愛的渴求會寫在她的雙眸。

別輕信女人的誓言，即使她是蘇丹的女兒。

女人的怨恨惡意永無止盡：

就算是王中之王也無法使其屈服，

無論他如何千方百計。

男人哪！小心避開女人的愛情！

千萬別說：這是我的愛人；

更別說：她是我的終身伴侶。

你若覺得我欺騙你，那就當我的話不可信。

只要她上了你的床，你便擁有她的愛，

但女人的愛不會長久，相信我。

躺在她的乳房上，你便是她熱愛的珍寶；

交歡持續時，你就擁有她的愛，可憐的傻瓜！

要不了多久，她便待你如普通朋友，

而這是無庸置疑的事實。

妻子讓奴隸上了男主人的床，

侍者們以自己的肉欲來抒解她的痛苦。

這樣的行為自是不值得歌頌讚揚，

但女人的品德既脆弱又多變，

男人因此受騙而遭輕蔑。

因此用心的男人絕不輕信婦人言。

這些話語說出時，首相開始哭泣，但國王命令他安靜下來。黑人接
著說出下面的話語來回應女人說的話：

我們黑人盡情享受來自女人的滿足，

我們不怕她們的詭計，不管多麼難以捉摸。

男人只信賴他們所珍惜的寶貝。

這並非謊言，而是實情，妳心知肚明。

噢！妳們女人哪！

當妳們渴求陽具時，絕對芳心難耐，

因這已存在於妳們的生死之間：

這是妳們的終極願望，不管是秘密還是公開。

妳們若忽然對丈夫感到煩厭，

其他的陽具也能輕易地安撫妳。

妳們的信仰就安住在陰道裡，而陰莖正是妳們的靈魂。

如此一來妳終將發現，這就是女人的天性。

因此之故，黑人將自己湊到這女人身上，而女人將他推開。

就在此時，國王再也按捺不住，他拔出刀劍，隨從們也跟著拔刀，一起蜂擁進入房間內，一時間除了刀光劍影，什麼也看不見。

其中一名黑人起身衝向國王和隨從們，但警察署長拿劍砍下了他的腦袋。國王大叫：「真神庇佑你！你的臂膀沒有畏縮，你的母親沒有生出一個弱者。你擊敗了敵人，天堂將成為你的安身之地！」

另一個黑人起身攻擊警察署長，將他的劍打成兩截。那是一把漂亮的劍，看見它被打斷，警察署長瘋狂地出手反擊，雙臂抓住那個黑人，高高地將他舉起丟向牆壁，摔斷他的骨頭。國王高喊：「真神是偉大的，祂沒有枯竭你的雙手。噢！好個了得！真神賜福於你！」

其餘黑人們見到這番景象，嚇得立即屈服而安靜下來，國王如今主宰著他們的命運，斥喝道：「不把雙手舉起的男人將失去雙手！」他命令剩下的五名黑人把雙手高舉過頭，他們通通照做了。

然後國王轉身對滿月中的滿月說：「妳是誰的妻子？這名黑人又是誰？」

她說了國王早已經從奧瑪那兒聽來的同樣內容。國王謝過她後又問道：「一個女人能忍耐多久不性交？」她看來非常驚訝，但國王又說：「說吧！不必感到羞愧。」

於是她回答：「一個出身高貴、家世良好的女人，可以持續六個月沒有性生活；但一個沒有高貴血緣、出身低下的女人，若不懂得自重，便會人盡可夫。」

然後國王指著另一個女人問：「她是誰？」

她回答：「這是下級法官之妻。」

「那這個呢？」

「第二首長的夫人。」

「這個呢？」

「首席回教律法教師的妻子。」

「那個呢？」

「珠寶商的妻子。」

「在另一個房間裡的那兩個呢？」

她回答：「她們是來這兒作客的，其中一個昨天才被一名老嫗帶來，那黑人尚未染指那名女子。」

奧瑪於是說：「這便是我跟您提起過的人，我的主人。」

國王問：「那另一個女人呢？又是誰家的女人？」

她回答：「她是木匠署長的老婆。」

國王於是問為何有這麼多的女人被一起帶到這兒。

滿月中的滿月回答：「噢！我們的主人哪！黑人非常清楚性交與美酒是絕佳的渴望，他日以繼夜地做愛，陰莖只有在睡著後才休息。」

國王又繼續問：「他靠什麼過活？」

她說：「用肥脂油煎過蛋黃，再泡到蜂蜜裡，塗抹在白麵包上。而且他只喝麝香葡萄釀製的酒。」

國王說：「是誰把這些女人帶來的？是誰？她們全都是國家官員的眷屬嗎？」

她回答：「噢！我們的主人哪！有個老女人在城裡的大街小巷幫他搜尋，挑選好美艷完好的女人便帶去給他，但這服務也是有代價的，她是為了金銀珠寶、華服以及其他貴重禮物才這麼做的。」

「那黑人哪來這些金銀珠寶？」國王問。這女子沉默了下來。他催促：「快告訴我吧！拜託！」

她意味深長地用眼角表示，這都是首相夫人提供的。

國王明白了她的意思，繼續說：「噢！滿月中的滿月！我對妳有充足的信心與信任，妳的證言在我眼中價值連城。請毫無保留地讓我知道妳的擔憂。」

她回答：「我從未被玷污過，不論這會持續多久，那黑人的欲望將

永遠不會得到滿足。」

「是這樣嗎？」國王問。

她答：「是的！」她忽然明白國王想說什麼，而國王也捕捉到了她的話中有話。

「那黑人始終尊重我的貞潔，他還未罪大惡極至此，但若真神赦免了他，難保他不會試圖再犯。」

國王問她那些黑人是誰時，她回答：「他們是他的伙伴。這些被帶來的女人被他用過後，便轉手交給他們，如您所見。男人不是應該出面挺身保護女人嗎，都到哪去了呢？」

國王於是說：「噢！滿月中的滿月！為何妳的丈夫沒有跟我要求協助來對抗這惡行？妳為何沒有抱怨？」

她回答：「親愛的蘇丹，關於我的丈夫，目前為止我尚未能通知他我的遭遇。至於我自己，我無話可說，但在我剛剛吟唱的歌詞裡，從第一句到最後一句，都說出了我給男人有關女人的建議。」

國王說：「噢！滿月中的滿月！我喜歡妳，我以真神先知之名問妳最後一個問題。妳不用害怕，據實回答。這黑人真的沒有侵犯過妳嗎？我猜想這裡沒有女人能逃過他的魔掌，唯獨妳保住了貞節。」

她回答：「噢！親愛的國王，以您高貴與權勢之名！看看他哪！我絕對無法接受他成為我的丈夫，又怎能享受與他私通的愛情呢？」

國王說：「妳似乎很誠懇，但妳所吟誦的歌詞，讓我的心中浮起了疑問。」

　　她回答：「我會那樣說有三個理由。首先，我當時像隻年輕的雌馬一樣欲火焚身。第二，性愛的場景讓我的私處亢奮起來。而最後的原因，我必須讓黑人安靜下來，讓他耐心等候，如此就能拖延一些時間，給我安寧，直到眞神把我送給他。」

　　國王說：「妳說的是眞的？」

　　她沉默著。

　　國王於是大叫：「滿月中的滿月！只有妳能獲得赦免！」

　　她明白只有她一人免於死刑懲罰。國王要她守住祕密，便表示他要離開了。

　　於是所有的女人和少女們都跑到滿月中的滿月面前，哀求她說：「爲我們求情，只有妳能改變國王的決定！」她們還在她手中灑淚，絕望地跌落在地上。

　　滿月中的滿月於是將正要離去的國王喚回，對他說：「噢！主人！您尚未酬謝我。」

　　他說：「我已經派人送來一頭美麗的騾子，妳將騎上牠跟我們一起走。至於這些女人，她們全都得死。」

　　她便說：「噢！我們的主人哪！我懇求您恩准我一項不情之請。」國王承諾他會履行。

　　於是她說：「我請求您赦免這些女人和少女們，做爲送給我的禮物。她們的死刑，將會爲這座城市帶來無與倫比的恐慌。」

　　國王說：「眞神因悲憫而偉大！」

　　於是他下令將黑人都帶出去砍頭。只有一個例外，就是多羅拉米，他極為頑強，脖子像公牛般粗壯。他們切下他的耳朵、鼻子和嘴唇，還有他的陽具，都塞進他嘴裡，然後再將他送上絞刑台吊死。

　　然後國王命令將這房子的七道門封鎖，便返回宮裡去了。

　　日出時，他派一頭騾子去迎接滿月中的滿月，將她帶到自己的身邊來，並成為他身邊最受寵愛的嬪妃。

　　然後國王命令歸還奧瑪的情婦，並讓他成為自己的私人秘書。又命令首相休了妻子。他也沒有忘記警察署長和侍衛長，賜給他們非常多的禮物，如他所承諾的，贈送黑人的私藏珍寶。他還將首相之子送進大牢。

　　最後，他找來那老皮條客，要求她：「告訴我所有黑人的特別行徑，還有任何將女人誘拐給男人的好處。」

　　她回答：「這幾乎是所有老女人都在從事的交易。」

　　他便將她處死，同時將所有從事這種交易的老女人全都比照辦理。自此在境內掃蕩皮條客的行業，從根拔除並全數摧毀。他將那些女人和少女們送回她們自己的家，要求她們敬畏真神的名號。

　　這故事透露出一小部分，女人經常對自己丈夫施展詭計與謀略。而這傳說的教訓是，一個男人若愛上一個女人，便使自己暴露在極度危險的災難中。

男人的屈辱
About Men Who Are Held in Contempt

知道否，噢！首相大人（祈求眞神垂憐！），若一個男人如此駑鈍，外貌猥瑣且陰莖短小瘦弱又鬆軟，在女人的眼中是可悲的恥辱。

這種男人跟女人來上一回合，會無法精神抖擻地辦事，或好好地讓她得到樂趣。他就那麼趴到她身上而略過前戲，既不親吻她，也不將她緊緊纏繞；既不輕咬她，也不吸吮她的嘴唇，更不懂得搔癢調戲她。

他還未等到她開始渴望尋歡，便已爬到她身上，然後塞進一根問題不斷又無精打采的陽具。幾乎還沒開始進行就要結束了，只做了一兩個動作，便趴倒在女人的乳房上射精，他最多就只能這樣啦！草草完事後，他退出陰莖，速速下床再度離開了她。

從前有位作家說，這類男人射精快速而勃起緩慢，一陣顫抖射精後，胸腔便感到沉重，兩肋疼痛不已。

這樣的男人絕不可推薦給女人。更下等的是這種男人還虛情假意,從不履行承諾,對妻子滿口謊言並隱瞞所有的行徑,除了拿外面的姦情來說嘴之外。女人絕對無法敬重這樣的男人,也不可能從他們身上得到歡愉。

據說有個叫做阿貝斯的男人,他的陰莖非常瘦小,卻有個非常肥胖壯碩的妻子。阿貝斯無法滿足妻子的性需求,她的抱怨很快地就在女性朋友間傳開。

這女人擁有相當可觀的財富,而阿貝斯卻很窮。她當然不可能把財產分給他。

有天,他去拜訪一位智者,並說出自己的窘境。

這位智者說:「你若擁有一個不錯的陰莖,便有可能處理她的財產。你難道不知道女人的信仰是她們的陰道嗎?我會給你一帖處方,讓你送走這些困擾。」

他馬上配好智者開出的藥方,抹在陰莖上後,立刻變得又長又肥壯。妻子見狀,顯得非常驚喜,又讓他的陰莖亢奮得更為壯大幾分,也讓她享受到前所未有的經驗。他以精彩無比的姿態跟她做愛,過程中她花枝亂顫地嘆息、哭泣且大聲喊叫。

自從這婦人發現她的丈夫有如此卓越的品質,便將自己及所有的財產都交給他處置。

女人的屈辱
About Women Who Are Held in Contempt

知道否，噢！首相大人（祈求眞神垂憐！），女人有各種不同的自然天性：有些女人值得讚嘆，有些卻專門累積羞恥。

在男人的心目中，女人的恥辱是醜陋又多嘴，頭髮蓬亂如羊毛，前額寬大，雙目狹小又混濁，鼻子碩大，唇色暗沉無采，嘴巴特大，雙頰皺紋滿布，齒縫清晰可見。她的顴骨紫黑，下巴還長了滑稽的鬍鬚，脖子細瘦，青筋暴露，雙肩彎曲佝僂，胸部窄小，乳房鬆弛下垂，腹部像一只空皮囊，上面的肚臍禿出如尖石。她的兩側腰窩有如輪胎圈，背脊的骨架清晰可數。她的陰道鬆弛又寒冷，既無毛髮又蒼白濕黏，上面突出一個細長堅硬且油膩的陰核，還發出陣陣的腐屍惡臭。

最後，這樣的女人還有粗大的膝蓋與雙腳，雙手碩大而雙腿瘦弱。

有這些缺點的女人，通常無法帶給男人樂趣，除了極少數者，如她的丈夫，或情人眼裡出西施的男人。

男人若接近這樣的女人，勃起將鬆軟無力，好似馱了重擔的動物。願神讓我們遠離以上形容的女人！

令人羞惱的是，這樣的女人卻經常大聲笑鬧。有位作家便說：「你若見到一個女人總是在笑，熱衷於賭博和嬉戲，總是跑到左鄰右舍串門子，愛管閒事地說三道四，譴責她的丈夫並不斷地抱怨，聯合其他女人一起對抗自己的丈夫，到處打秋風索討禮物，這便是不知羞恥的妓女行徑。」

　　而更讓人輕視的是一種陰沉的女人，總是本能地眉頭深鎖，或絮絮叨叨唸個不停，或跟許多男人的關係輕浮，或愛辯論不休、搬弄是非，而無法保守丈夫的隱私。那種本質惡毒的女人總是到處說謊，她做出承諾的唯一目的就是失信，任何人若信賴她，便遭背叛；她是淫穢、狡猾、粗鄙又暴力的，也無法提出良善的意見；她總忙著東家長西家短而鬧得雞犬不寧，只專注在膚淺的事情上；她非常嗜睡，懶惰成性；她總是用失禮的字眼去形容肌肉發達的男人，即便對自己的丈夫也毫不避諱；她總是口出惡言，呼吸臭氣沖天，即使你離她很遠還是聞得到。

　　言不及義絕對是她的缺憾之一，但她更擅長偽善矯飾，每當丈夫要求她履行夫妻義務，便遭到拒絕；她也不幫助丈夫的事業，最後還會哭鬧不休地抱怨詛咒他。

　　這種女人，看見自己的丈夫懊惱或有麻煩時，從不分擔他的煩惱；相反地，還越加地有說有笑，也不懂得用愛撫來舒緩丈夫的倦怠。她對待別的男人比自己的丈夫還殷勤，打扮得光鮮亮麗都不是為了丈夫。更過分地，跟丈夫在一起時，她反而很邋遢，絲毫不在乎讓他看見必須隱藏的私密物件和惡習。最糟的是，她還很不重視個人衛生。

　　男人若娶到這樣的老婆，是不會幸福的。願神讓我們遠離這樣的女人啊！

第三章

The Sexual Act

歡愛的舉止

知道否，首相大人（真神庇佑您！），每當您想做愛時，一定要空腹。性交只有在這種狀況下才是健康與美好的，若您的肚子飽脹，對你們兩人來說都很不利，而且必然會生病，至少也會造成尿失禁或視覺損害。只要保持空腹，就不需要擔心害怕了。

還沒以愛撫激起女人的欲望時，不可與之性交，這樣才能同享魚水之歡。在插入陰莖並完成任務前，建議您先娛樂彼此。先親吻她的雙頰、雙唇，並細細輕咬她的乳房與乳頭，讓她興奮起來。您也應該親吻她的肚臍與雙腿，並把您色情的手放在她的陰唇上。啃咬她的雙臂，不要忽略她身體的任何角落。緊緊擁抱她直到她感受到您的愛，然後才將您的雙手雙腿纏繞她的四肢。

她若雙眼含情脈脈，看起來熱情如火，表示她想做愛了。請讓您的身心激情融合，並讓您的生理情欲攀升到最高境界，迎向最佳時機的來臨。這女人將會經驗到最大的歡愉，而您會更愛她，她也因此更貼緊著您。

我曾聽說過，若聽到女人深深喘息，看到她的雙唇與耳朵熾熱火紅，眼神熱情而慵懶，嘴巴鬆弛而動作遲緩，看來似乎睡意正濃，還不時地伸展她的肢

體，就知道這正是做愛的最佳時機。您若在此時進入她，她將享受到極大的歡愉，而您也必然會喚醒陰道吸吮的力道，雙方都將達到高潮的頂端，這絕對是讓愛情持久的最佳保證。

下面的陳述是一位愛情學徒的忠告：

「女人就像水果，要用雙手搓揉過後，才能收穫到芬芳氣息。譬如羅勒香草，用手指頭揉捏過後才會散發香氣。你注意到了嗎？琥珀只有在加熱後，才能巧妙地擠弄出藏在裡面的香精。對付女人也是一樣。若未能使用好玩的技巧和熱情的親吻，並輕咬她的雙腿，將她擁抱入懷來挑逗她，就無法得到渴望的東西，也無法經驗到真正的歡愉，而當她與你同享枕邊之歡時，也將對你缺乏熱情。」

我曾經聽說過，某些特定的男人會詢問特定的女人：「什麼樣的情況能燃起對男人的激情？」這是她的答覆：「性交過程中能夠激起愛欲的事情，莫過於花樣繁多的好玩前戲，以及射精後強勁有力的熱情擁抱。相信我，親吻、輕咬、揉捏乳房、互相從對方嘴裡飲酒，都能讓雙方熱情持久。」

照著這樣的方式去做，雙方便能共赴高潮。再多補充一項，便是吸吮私處，即能馬上進入狀況，再沒有比這更強烈的性愛享受了。若未能依照前述的方式進行，女人就達不到所謂的歡愉，她的渴望無法被滿足，陰道無法被喚醒，於是，她將絲毫感受不到伴侶的愛。吸吮私處的過程中，女人將會對戀人產生最強烈的愛欲，即使他是世界上最醜的男人。試著嘗試任何方法，來讓雙方同時達到高潮，這就是愛的秘訣。

有位最有智慧的男人曾經研究女人，並做出以下自信的結論：

「男人若尋求女人的愛情並渴望占有她們，性交前必定要有前戲，任何一處細節都不可忽略，讓她準備好進行魚水之歡，啓發她的任何可能性。而且，做愛時盡量將腦袋放空，不要有任何念頭，更不可漫不經心，讓絕妙的歡愉悄悄溜走。此時，她的雙眼略微潮濕，嘴唇微張，這便是美妙的時刻了。趁此時交合，絕不能急躁而提早進行。你若將一個女人帶到這良辰美景，便能引入陰莖，你若體貼地進行性交，她便能滿足所有的飢渴。

絕對不可立即從她的身上起來，要用你的雙唇掃過她的臉頰，讓寶劍停留在劍鞘裡，熾熱地喚醒陰道，如此便能大功告成。傾聽這女人的喘息、尖叫與呢喃，因爲這些是你帶給她極致享樂的證明。

當歡愉達成，不可唐突地起身，要愼重地移出陰莖，並陪伴在女人身旁，感受這一份喜悅。此方法有益而無害，千萬不能像有些男人一樣粗莽，對待女性就像騎驢一般，對此歡愛之道毫不在意，射完精就急忙下床，殘忍地剝奪了女性的愉悅，這一定要避免。」

總而言之，千萬不要忽略我推薦的任何做愛步驟，這些都是非常重要的精華，也是觀察女人幸福與否的依據。

◆

第四章

The Best Love-Making

完美的交合

知道否，噢！首相大人（祈求真神眷顧您！），您若期待品嘗愉悅的性交，就必須賦予雙方同樣的滿足與歡愉，與女人之間的前戲是非常必要的，用輕咬、親吻與愛撫來讓她興奮，讓她在床上翻滾，有時在她背上，有時在她小腹上，直至您看到她眼帶秋波的時刻來臨，如同我在前一章節詳細描述過的那樣。

您若接受我的建議，將雙雙享受到非常愉快的交合，而留下一份甜美的記憶。我曾聽人說：「你若想要做愛，將女人放在地上，緊緊地擁抱她，把你的唇放在她的嘴上，纏住她、吸吮她、咬她、親吻她的脖子、乳房、小腹以及她兩側的腰窩，把她拉過來，直到她欲火焚身地躺在你懷裡。當你看到她處於這種情境，便可放入你的陰莖。你若即時採取行動，你們將同時達到高潮，這便

是魚水之歡的秘密。但若你忽略了這些技巧，這女人便無法滿足你的性欲，連她自己也享受不到歡愉。」

性交結束後，不要忽然抽身離去，應該從她的右側輕柔地拔出，而她若懷孕了，便能孕育一個兒子。我曾聽人說，若某人將他的手放在一個孕婦的陰道上說：「讓它成為一個男孩。」若真神允許就有可能實現，只要聯想到我們的真主穆罕默德，這女人便能擁有一個男孩。

您若想重新再來一回，便灑上甜蜜的香水，再去接近這女人，將達到美妙的效果。

建議您，做愛後小憩一會兒，不要再做任何劇烈運動。

做愛的姿勢
The Positions of Love-Making

與女人交合的方式非常多，此刻是您學習各種不同姿勢的時機。可蘭經說：「女人是你的良田，要毅然決然地走進你的良田。」

您可依據個人喜好來選擇最能取悅自己的姿勢，跟那特定的器官——陰道，從事性交活動。

第一式 First Posture

女人仰躺，男人舉起她的雙腿，用身體撐開她的雙腿，引入陰莖。男人的腳趾緊抓地面，會更容易進行推進的動作。這個姿勢對陰莖較長的人較為有利。

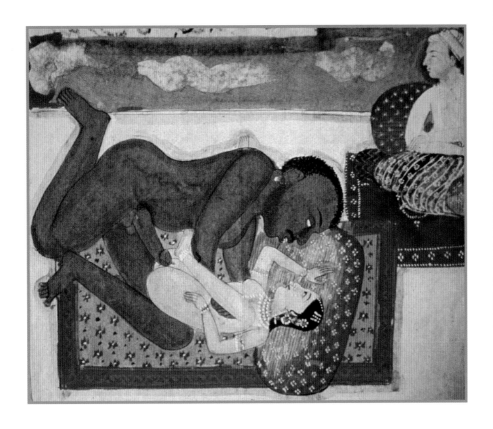

第二式 Second Posture

　　若男人的陰莖較短，就讓女人仰躺，舉高她的雙腿，讓她的腳趾頭觸碰到耳朵，如此抬高她的臀部，陰道正好迎向前方，便能引入陰莖。

第三式 Third Posture

　　女人仰躺，男人撐開她的雙腿，把她的一條腿架在肩上，另一條腿放在手臂下，然後進行插入。

第四式 Fourth Posture

　　女人的身體平躺，把她的雙腿架在男人的肩膀上。這個姿勢可以讓男人的陰莖恰好對準她的陰道，還能抬起她的臀部並引入陰莖。

第五式 Fifth Posture

女人側躺，男人躺至另一邊，從她的兩腿之間引入陰莖。但這個姿勢容易引起風濕或坐骨神經痛。

第六式 Sixth Posture

讓女人跪下，彎腰俯身擺出祈禱的姿勢。這時，她的陰道會抬高，男人即從後方進入。

第七式 Seventh Posture

女人平躺，而男人蹲坐在腳後跟上，把她的大腿放在最接近肩膀的位置，而另一條腿則貼著男人的大腿。這樣她會保持在自己的位置上，而男人將夾在她的兩腿之間。這時引入陰莖，並用雙手推送行進。

第八式 Eighth Posture

將女人放躺下來，男人跪坐跨騎在她身上。

第九式 Ninth Posture

讓女人靠在稍高的臺上舒適地躺下，臉朝前朝後都可，她的雙腳踩地，身體前傾，如此一來，她的陰道便會外露迎向男人的陰莖，方便進入。

第十式 Tenth Posture

將女人放在一個較低的躺椅上，她用雙手抓著木質邊緣，雙腿則勾住男人的臀部，以圈住男人的身體。當男人勤奮地進行插入時，也抓著木質邊緣，並讓動作維持一定的頻率。

第十一式 Eleventh Posture

女人仰躺，臀部下面墊個枕頭。將她的雙腳腳底板合起，然後進入她的兩腿之間。

封鎖式 The Closure

讓女人仰躺，臀部墊一個墊子。然後男人撐開她的雙腿，用腳趾頭抓緊地面，將她的雙腿壓在她的胸部上。然後男人的雙手穿過她的雙臂，將她抱起或緊抓住她的肩膀。完成這些動作之後，便插入陰莖，在高潮的時刻，拉她入懷。這個姿勢對女人來說會很痛，因為她的雙腿壓著胸部，而她的臀部又被墊子抬高；在這種情形下，其實沒有多少空間可供陰莖進入，必須壓著腹部進行，插入比較困難。這樣的姿勢，適合陰莖短小又軟弱者使用。

青蛙式 The Frog's Posture

女人仰躺，膝蓋彎曲地抬高雙腿，直到她的腳跟接近臀部。然後男人就坐在她的陰道正前方，插入陰莖，接著把她的膝蓋放在自己的腋下，再抓住她的手臂上方，在高潮時將她緊擁入懷。

手足雙扣式 The Clasping of Hands and Feet

讓女人仰躺，然後男人蹲坐在後腳跟上，從她的兩腿之間靠近，腳趾抓緊地板。此時，她用雙腿環抱住男人的身體，男人則用雙臂攬住她的脖子。

抬腿式 The Raised Legs Posture

當女人仰躺時，將她的兩腿高舉併攏，讓她的腳掌朝向天花板。接著，男人用雙腿夾緊她，插入陰莖，同時留意不要讓她的雙腿落下。

山羊式 The Goat's Posture

讓女人側躺在一邊，張開大腿。男人彎身鑽入她的兩腿間，一手抓住她的雙臂或雙肩，一手舉起她上方的那條大腿，然後插入陰莖。

阿基米德螺旋式 The Archimedean Screw

男人躺在床上，而讓女人面對著他，坐在他的陰莖上。她把雙手放在床上，同時讓自己的腹部上下移動。若這男人的體重較輕，也可以配合著一起律動。若這女人想親吻男人，她僅需彎腰俯身即可。

刺矛式 The Stab With a Lance

讓女人臉部朝上，以四條繩索綁住她的四肢，再用一條繩索綁在腰部，將她懸吊在空中。而她的高度位置，必須讓陰道剛好對準陰莖，然後插入並開始搖晃她，讓陽具順勢進出她的陰道。持續這個動作，直到射精。

懸吊式 The Hanging Posture

女人臉部朝下，男人則用繩索將女人的雙手雙腳綁起，並把繩索固定在天花板上。然後男人躺在她的下方，抓住繩索的另一端，讓她垂下來，並插入她。他就這樣上上下下地拉她，直到自己射精。

翻筋斗式 The Somersault

　　女人將褲子垂落到腳踝，這樣看起來就像個腳鐐。然後她彎身向下，將頭鑽進褲子裡。此時男人抓住她的雙腿，將她拉起翻過背面，然後以跪姿插入她。聽說有的女人仰躺時，就能將她們的雙腳放在頭部下方，而不用靠雙手或褲子來輔助。

鴕鳥尾巴式 The Ostrich's Tail

　　讓女人平躺，男人跪在她的雙腿間，並抬起她的雙腳放到男人的脖子上，她只用頭與肩膀撐住地面，在此時插入。

穿襪式 Putting On the Sock

　　當女人躺著時，男人坐在她的雙腿間，先用拇指與食指抓著她的兩瓣陰唇，將龜頭放入，然後持續地前後移動，直到她的陰道濕潤，甚至流出汁液濕濡他的陰莖。以這樣的方式先讓她嚐到前戲的愉悅，再完整地進入她的身體。

雙臀共舞式 The Mutual View of the Buttocks

男人仰躺，女人背對著他坐在其陰莖上。於是他便可以用雙腿夾緊她的身體；她則彎腰前傾，雙手觸地。如此一來，彼此都看得見對方的臀部，而她也能輕鬆地移動。

彎弓式 Drawing the Bow

讓女人躺在一邊，而男人臉朝著她的背部躺於身後，架開她的雙腿。此時，將他的雙手放在她的肩膀上，從女方背後插入陰莖。女人則抓住男人的雙腳，將他拉進，因此她的身體便形成一個弓，而他則變成了箭。

交互移動式 Reciprocating Motion

男人坐在地上，把腳底板合攏，並壓低大腿。然後女人面對著他坐到他腳上，用雙腿夾緊他的身體，雙臂環繞住他的脖子。男人則抓住女人的雙腿，用自己的雙腳移動身體，將女人挪至陰莖可接觸的地方並插入。因此，他便可以藉由腿的動作，前後移動女人的身體。女人則順勢配合此動作，但不可用力太過。男人若擔心陰莖會滑出，就環抱住女人的身體。如此運用男人的腳來達到高潮。

打樁式 Pounding the Spot

男人坐下並伸展雙腿，女人則坐在他的大腿上，雙腿交叉到他的背後。女人用手來協助陰莖對準陰道插入，然後將雙臂環繞他的脖子，他則環抱住她的腰，讓她在他的陰莖上上上下下移動，她也同時配合著一起運動。

背後式 Coition from Behind

女人臉部朝下趴著，腹下放一個墊子撐起臀部。男人躺在她的背上，並插入陰莖。

腹對腹式 Belly to Belly

男女面對面站著，女人慢慢張開雙腿，男人站在她的雙腳間。接著雙方都將單腳前移，略成弓步，並以單腳勾住對方的臀部。這男人便可藉此插入，雙方就以這樣的姿勢開始動作。

綿羊式 The Sheep's Posture

女人趴跪於地，臀部盡量抬高；男人則跪在她身後，雙手搭在女人肩上，將陰莖挺入她的陰道。

駝峰式 The Camel's Hump

女人站著俯身向前，以手掌撐地。男人從後方抓住她的大腿與之交合。當男人抽出而女人維持著彎身的姿勢時，陰道會發出一種聲音，彷彿小獸在嗚嗚嗚叫，有些女人因此排斥這姿勢。

掛釘式 Driving In the Peg

男女面對面，女人環抱住男人的脖子，並舉起雙腿夾緊他的腰際，腳掌可抵住牆壁。男人進行插入時，女人的位置就好像掛在一根釘子上。

愛合式 The Fusion of Love

男女面對面側躺。男人單腿跨至女人身上，並將女人的大腿拉向自己，順勢插入陰莖。若女人覺得有需要時，可給予協助。

倒轉式 Inversion

男人仰躺，女人則躺在他身上。女人將他的大腿拉向自己，如此便能導引陰莖插入。進入後，她將雙手撐在男人臀部兩側的床上。最好讓她的雙腳踩在小枕頭上，以配合陰莖插入的角度，並由女人主導動作。這個姿勢也可以變化為女人蹲坐在男人雙腿間。

馬鞍式 Riding the Penis

男人躺下，肩頭放置一個枕頭，而臀部仍維持緊貼地面。位置調妥後，他抬起雙腿讓膝蓋靠近頭部。此時，女人便可坐在他的陰莖上，彷彿跨坐在一個由男人雙腿和胸膛形成的馬鞍上。她可藉由彎曲膝蓋來上下移動，也可以讓膝蓋跪在地板上，讓男人用大腿移動她，而她則抓住他的肩膀。

接合式 The Jointer

男女面對面坐著，女人將她的右腿放在男人的左腿上，男人則將他的右腿放在女人的左腿上。女人導引陰莖進入陰道，彼此抓住對方的肩膀。這時他們進入一種黏合的拉鋸動作，輪流前後移動，節奏協調地行進律動。

居家式 The Stay-at-Home

女人仰躺，男人則躺到女人身上，並在雙手下方各墊個墊子。陰莖插入時，女人盡可能抬高她的臀部，或快速俐落地放下臀部；男人則仔細地配合著她的動作，以防陰莖滑出。雖然兩人並沒有緊密黏合在一起，但男人仍須盡可能貼近女人。男人的動作必須輕柔，而床鋪也要夠柔軟，否則將引起疼痛。

鐵匠式 The Blacksmith's Posture

女人仰躺，臀部墊著一塊墊子，並抬腿將膝蓋舉至胸部，如此一來，她的私處就像個篩子一樣凸顯，便可將陰莖引入。男人則依照慣例，配合一兩下便抽出陰莖，再滑進她的兩腿之間，仿效鐵匠從烈火中抽出熱鐵，然後放進冷水的模式。

撩人式 The Seductive Posture

女人仰躺，男人則蹲伏於她的兩腿間，並將女人的雙腿夾在他的腋下或架於肩上，以腰部或臀膀來支撐她的重量。

這些方法提供了許多姿勢，遠超過一般普遍的運用，由於種類夠多，足以讓那些性愛遇到困難的人，找到讓自己最舒適的歡愉方式。

我並不認為有必要點出，哪些姿勢對我而言絕無可能完成；若有人認為這些姿勢太少，也可自行發明更多的姿勢。

印度人就克服萬難，發明出許多做愛的姿勢，以下是一個範例：

女人仰躺，男人則背對著女人跨坐在她胸部上，並彎身向前，舉起她的大腿，直到她的陰道對準他的陰莖，讓他輕鬆插入。

你該看得出這姿勢執行的困難，也很辛苦。我想這只能接受其概念，而不能真正實現。

我曾聽人說，有些女人能在做愛的過程中舉起雙腿，並在腳底板上放置一盞點燃的油燈，且不會灑出一滴油，或熄滅燭火。但性交並不需要這樣超高難度的姿勢或技巧。

總之，做愛的絕妙之處，終究還是這過程中的擁抱、親吻以及吸吮彼此嘴唇所帶來的喜悅。這些動作，讓人類與動物有別。藉由各種不同的性交活動，沒有人會對感官的歡愉毫無知覺，因為人類的極樂即是做愛。

當一個男人的愛意引至最高峰，將更容易達到魚水之歡，而以擁抱和親吻來得到滿足。這才是情侶雙方幸福的真正源頭。

有個概念相當聰明，假使有位做愛高手願意嘗試所有的姿勢，找出哪些姿勢最能帶給女人快感，並熟稔這些偏好，便能讓女人滿足並延續其激情。而全世界的人都會一致同意，「打樁式」是最令人滿意的姿勢。

我聽人說過，曾有個男人擁有一位高貴幽雅的愛人，但這男人總是用最普通

94

的方式跟她做愛，不懂得求新求變。於是這女人完全沒有享受到做愛該有的歡愉，還總是在事後大病一場。男人將這個困擾告訴一名老婦，老婦說：「試著用各種不同的方式跟你的愛人做愛，找出讓她最快樂的姿勢。若找到了，就不需要用其他的方式，她便會死心塌地的愛著你。」

於是這男人嘗試了各種姿勢，當他使用「打樁式」時，看見這女人達到高潮的狀態，並感受到自己的陰莖被強而有力地緊箍著。這女人咬著他的嘴唇叫出：「啊！這才是正確的做愛方式呀。」

而這男人已經讓他的愛人從這個姿勢中體驗到性愛的歡愉，也就不再嘗試其他方法了。

試著為每一個女人探索不同的姿勢，再從中找出她最享受的姿勢。大部分的人都有明顯的偏好，如前面提及的「腹對腹式」或「打樁式」，卻很少人練習如何使陰莖在陰道中的運作更臻巧妙。

現在來談談插入時幾種不同的動作：

動作一：井中吊桶 The Bucket in the Well

插入後，男女緊緊相擁，然後男人每抽動一回就稍微拉出一些。接著輪到女人來回移動，如此交替輪流。必須讓彼此的手腳四肢貼合在一起，盡可能模仿水井中吊桶的上下動作。

動作二：同進同出 The Mutual Shock

插入後再雙雙退出，但不讓陰莖完全出來。然後再迅速俐落地緊緊擁抱，雙方一直如此持續下去。

動作三：雙方互惠 Going Shares

男人以平常的方式運作然後停下來，女人讓陰莖保持在裡面也開始移動，然後停下。接著換男人重複同樣的動作，就這樣持續下去，直到雙雙達到高潮。

動作四：編織愛欲 Fourth Movement: Lover's Tailor

男人局部插入，先用摩擦的方式移動，再以一個猛然挺進的動作完全進入。彷彿裁縫師在穿針引線時，拉出線頭的快速舉動。這個動作，只適合那些能夠控制射精的人。

動作五：上頂下剔 The Toothpick

男人將陰莖鑽進陰道裡，然後在各個方位上上下下地探索。

動作六：愛的羈絆 Lover's Bond

男人完全插入，身體整個貼近女人的身軀，但不可用力過猛，還得留意不讓彼此的私處稍有一絲空隙。這動作特別適合「打樁式」的姿勢。女人也最喜愛這個動作，因為這可讓陰道緊抓住陰莖，容易使她們獲得高潮。女同性戀者也偏愛這姿勢，還非常適合那些插入射精會疼痛的人。

　若無法接吻，則任何的姿勢都不能獲得滿足，因為親吻是最有效的興奮劑，不論男女都為之深深著迷。特別是女人，尤其是那些單身又渴望愛情的女人。

　許多人都強調親吻是做愛過程中不可或缺的部分。最愉快的親吻，是接觸濕潤芬芳的嘴唇，並伴隨著吸吮與舌頭的運作，如此便能釋放出甜蜜醉人的唾液。男人若想如此釋放女人，便要輕柔地啃咬她的唇與舌，讓她不知覺地製造出有別於平常分泌的唾液，極度香甜，比蜂蜜水還更令人喜悅。這帶給男人震顫般的感官刺激，立即感染了全身的細胞，比最強的烈酒還令人迷醉。

　接吻必須是誇張放肆的。聲量極大卻輕巧而持久，先從舌頭與濕潤的上顎邊緣起始，從舌頭的滑轉中發出聲音，唾液則經由吸吮而來。

　親吻唇部外圍所發出的響聲，就像是喊貓叫狗般地索然無味，這種親吻是對

待兒童的。我前面描述的親吻，則是專屬做愛過程的，是刺激美味的色欲享受。您得了解箇中差異。

當然，若沒有陰莖最後的插入動作，所有的親吻與愛撫都毫無意義。因此若無法做愛，您就該避免這些行為，否則點燃了欲火，卻無法以歡樂喜悅來澆滅；如同燃起的火苗只有水能夠澆熄，精液便是熄滅這欲火的水。而如果做完愛後沒有伴隨著愛撫，女人是不可能比男人還滿足的。

　　我曾聽說有個叫達哈瑪（Dahama ben Mesejel）的女人曾向雅哈瑪省（Yahama）的省主席抱怨，她的丈夫愛爾（El Ajaje）性無能，既不跟她性交也不肯接近她。

　　她父親還因為插手這件事，遭雅哈瑪的百姓指責，他竟如此的不顧顏面，要幫女兒索討性愛。

　　「我要她生養孩子啊，」他答覆：「她若沒有生育，真神將追究她的責任；她若能產下後代，兒女將來必成有用之人。」

　　達哈瑪將自己的案例送交族長，說：「我的丈夫一直將我擱置不用，我仍完璧無瑕。」

　　「或許是妳不願意。」族長駁回了這項抗議。

　　「正好相反，我萬分樂意躺下並張開雙腿。」達哈瑪回答。

　　「噢！族長哪！她在說謊，我若要占有她，就必須艱苦地戰鬥！」她的丈夫大聲抗議。

　　「我給你一年的時間，去證明這項辯解的不實。」族長如此回答，

出於他對這男人的同情。

愛爾收抽回了抗辯。

他一抵達家門，便將妻子擁入懷中，開始愛撫她，並親吻她的嘴唇，但這已經是他能努力的極限，對他的性能力毫無助益。達哈瑪對他說：「停止你的愛撫與擁抱，這樣根本不是做愛。我需要的是一根強壯緊實的陰莖，以及一大串精液留在我的肚子裡。」

愛爾絕望地將她送返娘家，並在當夜與她斷絕夫妻關係。

請注意，女人不需性交，只藉由接吻便能滿足，這是不成立的。她獨一無二的喜樂來自於陰莖，只要男人能運用得宜，女人便會給予愛情，不論那男人多麼令人討厭或醜陋。

我曾聽說，穆沙大爺（Moussa ben Mesab）某天去拜訪一位貌美如花又相當富裕的女士，看她家中美麗善歌的奴隸，是否值得購買。當他進入這房子時，注意到一名長相畸形的年輕男子，正脾氣古怪地頤指氣使。他詢問這女士該男子是何許人也，她答覆：「那是我的丈夫，為了他我連命都可以不要。」

「看來妳處境落魄而被奴役，我真為妳感到難過。儘管我們是真神的屬民，終將回到神的國度，但這真是災難啊，妳這無與倫比的美貌和曼妙的身材，竟屬於這樣不堪的男人。」

「噢！親愛的孩子，若他用對待我的方式來對待你，你將為了他變賣所有的家產。而且，你肯定會覺得他很英俊，他的醜陋也都將變成完美。」

「願真神將他保留給妳！」穆沙驚嘆道。

◆

第五章

Of Matters Which Are Injurious in the Act of Generation

關於性行爲的傷害

知道否，噢！首相大人哪（眞神永垂不朽！）！性交帶來的疾病很多。讓我來告訴您其中幾項非知不可的重點，請您預防避免。

我先從性交開始講，若是站著進行，可能影響膝蓋關節並造成神經性痙攣；若是以側邊進行，生理系統容易罹患痛風與坐骨神經痛，且大多隱藏在臀骨關節裡。

空腹或飽食過後，千萬不要馬上跳到女人身上，這會讓您容易腰痠背痛，失去活力，連視力也會衰退。

若讓女人跨坐在您身上做愛，您的背部肌腱筋骨將受苦，心臟也會受到影響。若持續這樣的姿勢，會有極少量的陰道分泌物進入您的尿道，造成尿道緊縮狹窄。

　　射精後不要讓陰莖留在陰道裡，這會引起尿結石，脊柱的軟化，血管破裂，最後會造成肺炎。

　　性交後過度的運動，也是有害的。

　　避免在性交後立即清洗您的陰莖，這可能會引起潰瘍。

　　而跟年長的女人性交，簡直是置身於致命的處境。俗話說：「千萬不要探索老女人，她們像可蘭經一樣浩瀚無涯。」還有更進一步闡釋的俗語說：「當老女人把你納為私寵時，可要謹慎小心。」又如此說：「與老女人的交媾是一場有毒的饗宴。」

　　要知道，男人若和年紀比自己小的女人做愛，可以得到活力；和年紀相當的女人做愛，不好也不壞；和年長的女人做愛，則精力會被她榨乾。下面的詩句就是針對這個主題有感而發：

要守護自己勿與老女人性交：

小心她的胸懷裡埋藏著毒藥。

　　縱欲過度的性行為有害健康，是因為消耗了太多的精液。就像是奶油來自於乳皮乳酪，就是牛奶的精華，若從牛奶中取出乳酪，牛奶就會變質。以此類推，精液也是養分的精髓所在，失去之後便會衰退。

　　身體的好壞與精液的品質息息相關，這取決於您攝取的食物。若飲食得當，男人便能充分地享受性交，而不至於過度疲勞，這得仰賴能增強精力的食物，如令人亢奮的蜜餞、芳香的植物、肉品、蜂蜜、雞蛋，以及其他類似的珍饈美味。凡遵從這種養生規律的男人，便能達到自我保護的效果，避免下面列舉的意外傷害：

　　首先，失去生殖能力。

　　第二，視力衰退。他或許不會因此變瞎，但肯定得受眼疾之苦，若他未能聽從我的警示的話。

　　第三，體力消退。他可能會變得心有餘而力不足、達不到目標、好像身負重擔，或者一採取行動便馬上就累倒。

想降低男人的性欲，可使用樟腦，加上一半龍舌蘭釀的酒，用清水混合，讓男人喝下，就會對性交產生冷感。許多女人對情敵妒恨交加，或縱欲過度後想稍事歇息時，都會使用這帖處方。她們通常會在葬禮過後，偷偷地從處理屍體的老婦那兒免費取得剩餘樟腦。她們也採用一種叫做法瑞雅（faria）的花粉染料，把它放進水中直到變黃，這種飲料的功效與樟腦雷同。

我在這篇章中舉出許多偏方，雖然在此時提起或許並不恰當，但我認為這些訊息，確實是妙用無窮。

有幾種特定的情況，可能造成長期的傷害，最後將影響身體健康。例如：睡得太多，或在不恰當的季節裡長途旅行，尤其是到寒冷的國家，會讓身體衰弱，造成脊髓的疾病。同樣的影響，也可能來自於平時生活起居的習慣而造成身體寒冷或潮濕，例如長期使用膏藥。

那些排水性不佳的水腫體質，性交時會非常疼痛。

愛吃酸性食物的人，也容易體衰。

在射精後仍讓陰莖留在女人的陰道中，不論時間長短，都會耗損陰莖的能量，而降低性交的舒適感。

跟女人躺在一起，若興趣盎然，便可讓她滿足幾回合，但切記不能過度，因為俗諺說得好：「為滿足自己性欲而性交的男人，將能體驗最完美的高潮；若只是為了滿足別人的肉欲，將會讓他萎靡不振、冷感，最後變成陽痿。」

這些話語的意思是，當男人因為想跟女人交媾而蠢蠢欲動時，他可依自己欲望的強弱，來斟酌適合自己做愛的方式，這樣他就不必擔心未來可能會陽痿。但若這男人做愛是為了別人，或者說是為了滿足情婦的性欲，而想盡辦法去達成不可能的任務，他將因違背自己的喜好去取悅別人，而危害到自己的健康。

同樣的傷害，也來自於沐浴時性交、沐浴後立即性交、月經來潮後或淨身後等情形。大醉之後的性交，同樣也得避免。在女人的經期性交，對男女雙方都有害，因為這時候，她的血是污穢的，而且子宮寒冷，只要小小的一滴血進入男人的尿道，將引起嚴重的併發症。對女人來說，月經期間毫無歡愉可言，對性交只有反感。

至於沐浴中的性行為，有人認為那根本享受不到樂

趣。歡愉的程度取決於陰道的溫暖，在沐浴時陰道自然是不適於提供享樂。更不可讓水灌進男人或女人的私處，否則將造成嚴重後果。

此外，探看陰道的深穴對眼睛有害，這可不是隨便說說，而是內科醫師的專業論點。

有一個關於這方面傳說是，大馬士革的蘇丹哈珊（Hacen ben Isehac）非常熱衷探看女人的私處，被告誡時，他竟回答：「還有什麼事比這更好玩？」結果不久後，他就瞎了。

飽餐過後從事性交，可能會引起脫腸症。疲勞過度時也該避免性交，或者天氣過熱過冷時也不宜。

若是在炎熱的國家中性交，可能會毫無預警地，忽然發生前述的眼盲症。

一直重複交媾，而不清洗私處，也必須嚴格避免，因為這將削弱男性的生殖能力。

男人若是官司纏身，就該避免與妻子交媾，因為她若在這種情況下懷孕，生下的孩子有可能變成啞巴。

如果有人不希望性交受到打擾，就別讓關心變成對方的包袱或精神壓力。

經常穿著絲綢的袍子也是不健康的，這會消耗性交能量。女人編織的絲綢衣裳，也會傷害男性的勃起能力。

斷食，一開始能刺激性欲，但長期下來，則會降低性欲。

戒除油膩的飲料，因為這會消耗交媾過程所需的力量。鼻煙，不管是原味或添加香料的，也都有類似的副作用。

性交過後立即用冷水沖洗，對身體也很不好。通常，用冷水沖洗會減弱性欲，而溫水則會增強欲望。

跟年輕女人交談，會讓男人興奮勃起，其激情程度將與女人的美麗成正比。

有一名阿拉伯人，在指導女兒交媾技巧時給了這樣的建議：「用水讓自己常保芬芳！」意思是希望她要經常用水洗滌身體，這比擦香水還重要，但這不見得適合每個人。

也有此一說，某個女人跟丈夫說：「你真一無是處，從來也不懂得灑點兒香水。」丈夫回答：「噢！妳真可恥！只有女人才需要噴灑甜膩的香氣。」

縱欲過度，會失去感受歡愉的能力。為補救這項損失，必需在陰莖上塗抹公山羊血和蜂蜜的混合物，做愛時會擁有不可思議的力量。

請記住，一個精明謹慎的男人，對縱欲相當警覺。精液是生命之水，若能善加利用，便可以隨時迎向愛欲情趣。無論何時遇上浪漫的饗宴，千萬不可隨便耗損，若不懂得善加分配，就等於把自己暴露在各種疾病之下。

　　聰明的醫師們曾說：「一個強壯健碩的身體，絕對需要性交活動，他的天賦異稟能讓他盡情享樂而無後顧之憂；但體能衰弱的男人，若毫無節制地耽溺在女人堆中，必然會跌落險境。」

　　聖賢愛斯薩卡利（Es Sakli），觀察到男人沉溺於魚水之歡的後果，做出這樣的結論：

　　男人，不論他是體質衰敗或氣色紅潤，每個月做愛不可超過兩三次；有肝病或憂鬱症的男人，一個月最多一兩回。然而如今事實的真相卻是，任何包含上述四種體質的男人，都貪得無厭地縱欲無度，毫不留意自己是如何地暴露在嚴重的疾病之中。

　　女人對性交的興致比男人還要高昂，這正是她們的特質，也是她們全部的樂趣。但男人卻為此身涉險境，為了享樂而毫無保留地捨命奉陪。

　　描述了這麼多性交可能產生的危險，我深謀遠慮地寫下一段對您助益良多的詩句，裡面包含了這議題的衛生建議。這些詩句是國王哈倫・賴世德（Haroun el Rachid）*在位時，命令當時的幾個名醫撰寫而成，作為自己在接受性病診療時的提示。

慢食，若食物對您有益，

小心謹慎，就會消化良好。

留意那些需要用力咀嚼的食物，

不吃營養不佳的東西。

不可在飽食過後立即喝飲料，

否則會踏入疾病之路。

千萬不可暴飲暴食，

睡前好好遵行這些原則，

這是休息的第一要素。

遠離各種藥物與毒品，

除非您已病入膏肓。

善用所有的預防措施，

這是身體健康的基石。

不要太過渴求豐滿的女人：

縱欲過度很快就會衰竭，

等到交合時出現了病徵，

才覺悟已經太晚，

我們生命的精華全進了女人的陰道。

特別對年長的女人採取警戒，

她們的擁抱將毒害您。

隔日一沐浴能讓您保持清潔，

記住這些準則，並一一服從。

　　這些是慈悲且慷慨大方的聖賢們定下的規範。所有的聖賢與醫師們皆口徑一致地表示，為疾病所苦的男人都肇始於縱欲。因此，男人若想保持健康，走向幸福人生，就應該適度地享受性愛，並留意它可能帶來的種種惡果。

＊哈倫‧賴世德 (Haroun el Rachid，766～809)，《一千零一夜》裡的國王，阿拔斯王朝的第五代哈里發，其在位時期是阿拉伯帝國規模最大，藝術、文化、宗教發展最蓬勃的時候。

◆

第六章

The Different Names of the Penis

陽具之別稱

知道否，噢！首相大人哪（眞神永遠賜福予您！），陰莖有許多名稱，大致如下：陽具、生殖器、鐵匠的風箱、鴿子、搖鈴者、狂野的傢伙、解放者、裁縫師、冷卻器、搓揉者、敲門者、游泳健將、闖入者、撤退者、獨眼龍、禿頭、蹣跚者、搞笑頭、只有脖子的人、毛茸茸、無恥者、害羞者、愛哭鬼、推動者、合併者、吐痰者、濺水者、馴馬師、探索者、按摩師、軟弱者、搜尋者，發現者。

　　最前面的兩個名字不難瞭解，因此不需要刻意解釋。

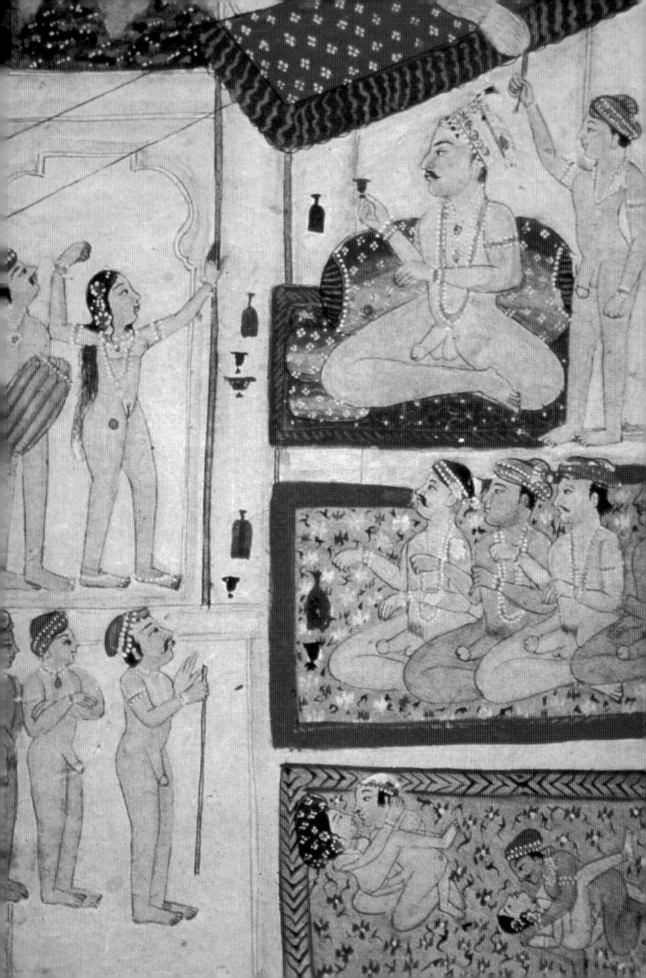

鐵匠的風箱 The Smith's Bellows

如此命名是因為它總是膨脹與收縮的來回作用。

鴿子 The Pigeon

這名稱是因為膨脹後回到休憩狀態之時，就像一隻鴿子歇息在自己的蛋上。

搖鈴者 The Jingler

取自於陰莖進出陰道時製造的聲音。

狂野的傢伙 The Untamable

這名詞來自於陰莖膨脹勃起後，會移動龜頭尋找陰道的入口，接著便粗魯傲慢地進入。

解放者 The Liberator

會這麼取名，是因為進入一名失婚女人的陰道後，便將她從與前夫再婚的禁忌中解放出來。

爬行者 The Creeper

以這個名稱形容陰莖，是因它看到飽滿豐碩的陰道，就鑽進女人的兩腿之間，搓揉她的大腿與恥骨，直到完全占有為止。當一切都圓滿舒適地各安其所時，便完全插入而射精。

刺激者 The Exciter

陰莖不斷地來回進出騷擾陰道而得名。

騙子 The Deceiver

這個別號來自於它的狡猾詭計。當它渴望交媾時，便說：「若真神賜予我遇見陰道的機會，我絕不放棄。」倘若真找到了，便開始放肆起來，它會絕望地注視著陰道，吹噓著自己一旦進去就永遠也不出來。接近女人時，它會抬頭挺胸，好像在跟陰道表白：「今天，我要用妳來熄滅我的欲火！」而這陰道，看著它勃起而堅挺，並驚訝著它的尺寸，似乎在回答：「誰裝得下這樣大的淫具呀！」如此答覆只是為了讓它的頭抵達陰道口，強行撐開陰唇，然後陷入其中。

當它開始移動時，陰道便訕笑地說：「好個虛情假意的動作。」它便馬上跑了出來。兩只睪丸也似乎在說：「我們的兄弟死翹翹了，它在歡愉過後就放棄了，激情已被澆熄，精液也射出了。」它魯莽地從陰道裡抽出，試圖再度昂首抬頭，卻頹然喪氣。睪丸再度重複：「我們的兄弟死翹翹了，我們的兄弟死翹翹了。」它還為自己抗辯：「根本不是這樣！」但陰道大叫：「那你幹嘛退出去？騙子！你自己說一旦進來就永遠不會出去的！」

沈睡者 The Sleeper

如此稱呼是因為它狡詐的外觀。當它勃起又長又硬地進入時，根本不會料到它會再度頹廢軟化，可是在欲火熄滅而離開陰道之後，它便立即睡著了。

開道者 The Path-maker

　　會有這個別號，是因為它遇見陰道時，不會馬上放行，得由龜頭來開道，像個發情的野獸瘋狂闖入。

裁縫師 The Tailor

　　有這別號，是因若非靠手動打開入門之道，便無法進入陰道，就像是裁縫手中的針線般。

冷卻器 The Quencher

　　這個稱呼是針對厚實強壯又洩精緩慢的陽具。這種陽具能完全滿足色欲高漲的女人，因為沒有任何其他的東西比它更善於冷卻女人的欲火。當它想進入陰道，隨時都能抵達入口，一旦發現大門緊閉，它就哀嚎、懇求甚至不惜發下重誓：「噢！親愛的朋友，讓我進去，我不會停留太久。」一旦得逞，便立即違反誓言，在裡頭耗盡上下左右挖掘的激情，不到洩精絕不退出。陰道則要求：「你的承諾到哪兒去了？你說你只待一會兒的。」但他回答：「只要見到妳的子宮，我就會離開，我說到一定做到。」說了這些話以後，引起陰道的憐憫，便抓住陰莖的頭，完完全全地讓它滿足。

搓揉者 The Twister

　　這個名字會出現的原因，是它抵達陰道時，總是狀況緊急。它急吼吼地敲門，然後搓揉旋轉，用無恥的姿態推擠，前後左右地探測，然後突然地插入陰道底部，就射精了。

敲門者 The Knocker

　　如此命名是因為它抵達陰道門前時，會輕輕地敲門，等陰道來應門，它才進去。若沒有得到回應，它會繼續敲門，直到達成目的。至於敲門的方式，則是用陰莖搓揉陰阜，直至它濕潤為止。這種產生濕潤的方法，叫做大門開啟。

游泳健將 The Swimmer

它進入陰道並不會停留在一個定點，而是轉左轉右，前前後後地出入，但原則上都留在中間地帶，並在射出的精液與女人分泌的潤滑裡泅泳，好似不想溺死，所以在其中奮力掙扎。

闖入者 The Enterer

得此暱稱，是因為它抵達陰道大門時，陰道說：「你想幹嘛？」它回答：「我想進去。」陰道答覆：「不可能，我無法接待你，因為你的尺寸太大了。」於是這陽具便央求只讓自己的頭進去一點就好，保證絕不完全進去。當它接觸了陰道，先用龜頭搓揉陰唇兩三回，成功地引出分泌物，讓陰道完全潤滑後，它就忽然闖入而全然隱沒其中。

撤退者 The Withdrawer

這麼稱呼是因為它接近陰道時，已經很久沒做愛了，極其渴望進入。陰道受到它熾熱的欲望影響，便說：「可以，但有個條件，你進來後要是沒有多次射精，就不許離開。」陽具回答：「好，我若沒有射精三回絕不退出。」進入後，陰道的緊繃感製造了許多歡愉。它上上下下地移動，藉由不斷地搓揉陰道和子宮，尋找最完美的享受。射精後，它便想退出，惹得陰道叫嚷：「噢！騙子！你怎麼退出了呢？你這個說謊的撤退者。」

獨眼龍 The One-eyed

這暱稱的理由顯而易見。

禿頭 The Bald-head

如同上述。

用單眼的人 The One With an Eye

這暱稱的出現，源於陰莖只有一隻沒有瞳孔與睫毛的眼睛

蹣跚者 The Stumbler

有時候，陰莖試圖進入陰道時，它會上上下下地彈跳，彷彿在路上絆到了石頭，直到陰唇濕潤，它才進入。陰道便會問：「什麼東西讓你如此蹣跚哪？」「噢！我的朋友，有塊石頭擋著我的路啊！」它回答。

搞笑頭 The Funny-head

會有這個暱稱，是因為它的頭跟任何其他的頭都截然不同。

只有脖子的人 The One With a Neck

它的脖子又短又粗大地掛在下方，它的頭被剝了
皮，而且陰毛粗硬頑強。

毛茸茸 The Hairy One

這不需要解說吧！

無恥者 The Shameless One

這名稱的來源，是觀察到它勃起長大之後，陰莖便目中無人。厚顏無恥地掀開它主人的衣裳，毫不在乎他可能遭遇的羞恥。它也以同樣無恥的動作對待女人，掀開她的衣裳，暴露她的雙腿。它的主人可能因交媾感到羞恥，但對陰莖而言，只更增添堅硬與熱情。

害羞者 The Bashful One

這個傢伙的表現依情況而定，遇到不認識的陰道，它會感到害羞靦腆，但不消一會兒，就昂首抬頭起來。有時卻很麻煩，特別是有陌生人走近時，它就顯得奄奄一息。

愛哭鬼 The Weeper

會這麼被稱呼，是因為它灑淚無數。每當它挺身站立時就開始哭，若看見一張漂亮的臉龐也哭，接觸到女人還是哭。它甚至連回憶時也頻頻拭淚。

推動者 The Mover

一旦它進入了陰道，便要不停地推動直到熱情被澆熄。

合併者 The Annexer

會得到這暱稱，是因為它進入陰道時，便立刻展開活動，越來越貼近，甚至毛髮相接，還試圖將睪丸也硬塞進去。

吐痰者 The Spitter

會獲得這個暱稱，是因為即將接近陰道時，或當它的主人觸摸到女人，跟她玩耍或者親吻她時，甚至只是在回憶事情時，它的唾液就開始流竄；這種唾液

在長期禁慾之後，產量會特別旺盛，甚至滲透整件衣裳。這種陽具非常普遍，很多男人有這項特長。單是色情淫蕩的念頭，就導致一場釋放。某些男人的產量豐盛到灌滿了陰道，多到甚至許多人認爲是來自女人的分泌。

濺水者 The Splasher

因爲它進入陰道時，就會搞出濺水的聲音。

馴馬師 The Breaker

這是個精力旺盛的傢伙，當它變得長又堅硬，像隻手槍或骨頭時，輕易就能穿越處女膜。

探索者 The Seeker

會賦予這項暱稱，是因爲它在陰道內的運動方式，彷彿在尋找什麼東西似的。它是在尋找子宮，沒找到以前絕對無法安靜下來。

按摩師 The Rubber

得到這個名字，是因爲若沒有好好地按摩陰阜幾回，絕對不敢擅闖陰道。它總是爲後續的動作而驚慌失措。

軟弱者 The Flabby One

這是個永遠無法插入的傢伙，因爲它實在是太軟，必需仰賴摩擦陰阜的快感來射精。它絕對無法給女人帶來樂趣，只能點燃她的欲火，卻無法澆熄。

搜尋者 The Searcher

這麼說是因爲它穿透一些罕見的地方，探訪過特別的陰阜所在，且清楚地知道如何區別她們的品質好壞。

發現者 The Discoverer

　　如此稱呼，是因為它堅硬而抬頭挺胸時，便把覆蓋它的衣裳掀開，而背叛它的主人，毫無遮掩地裸裎。也不怕暴露在不熟悉的陰道面前，還無恥地掀開女人的長袍。不僅不知羞，也不尊重任何人，而且只跟任何有關性交的事物親近。但它擁有一項非常深奧的知識，就是深諳陰道內部的潮濕、新鮮、乾燥、窄小與熾熱。有些陰道的外觀非常完美並好看，但它們的裡面卻遠遠不如外觀那樣令人滿意；有可能因為過度潮濕或不夠溫暖，而無法帶來歡愉。也因為它總是隨時出發尋覓任何可以增加性交樂趣的對象，而獲得這個名稱。

　　這些賦予陽具的主要名稱，都跟它的各種特質相關。若有人發現這名單不夠豐富而去尋找其它的可能性，絕對合法。我僅節制地列出這些名稱，是認為這些已足以滿足我大部分的讀者了。

◆

第七章

Concerning
The Female Organs

女陰的別稱

下面列出的都是一些很平常的名稱：通道、陰阜、懷春少女、原始人、歐掠鳥、裂縫、冠毛、塌鼻子、刺蝟、寡言者、榨汁機、糾纏者、灑水器、渴望者、美人、膨脹者、高額頭、展延者、巨無霸、饕餮、無底洞、厚唇者、駝峰、濾篩、發動機、併吞者、收容所、輔助者、拱門、舒張者、決鬥者、隨時候教、嘲弄、順從者、濕漉漉、路障、深淵、反咬者、吸吮者、黃蜂、暖爐、人間美味。

通道 The Passage

會得到這名稱，是因為它很像雌馬的陰阜，會在天氣熱時開開闔闔。

陰阜 The Vulva

這器官的整體形狀既飽滿又突出。雙唇很長，可以開得很大，邊緣完美地對稱分開，而中間又是如此地顯眼。柔軟又深具誘惑，所有的細節都非常完美。無懼於對立，最令人愉悅，並超越一切。願真神容許我們善用這樣的陰阜！阿門！它溫暖、緊實且乾爽到彷彿能隨時點燃欲火。它的外觀幽雅、氣味柔和、白裡透紅，只能用完美來形容！

懷春少女 The Libidinous

這名號是送給處女的陰道。

原始人 The Primitive

這名稱適用於任何陰阜。

白頭翁 The Starling

適用於淺黑膚色女人的陰阜。

裂縫 The Crack

就像是牆壁上的裂痕，而且沒什麼肉。

冠毛 The Crested One

就像是雞冠，會在開心的時刻站立起來。

塌鼻子 The Snub-nosed

只有薄薄的唇和一片小小的舌頭。

刺蝟 The Hedgehog

這裡的皮膚粗糙而毛髮剛硬。

寡言者 The Taciturn

　　這裡是沈默的所在，就算陽具在一天內進出了千百回，它仍悶不吭聲，只會滿意地抬頭仰望。

榨汁機 The Squeezer

　　如此稱呼是因為它擠壓陽具的動作。只要陽具一插入，它就立即將之拉進去，津津有味地品嘗，如果可以的話，恐怕連睪丸也想一併吞進去。

糾纏者 The Importunate

　　它絕不放過任何陽具，若有人用一百個夜晚與之相處，夜夜插入千百回，它既不累也不會滿足，還會一再地要求更多。這麼一來，角色便反了過來：陽具成了抗辯者，而它是請願人。無論如何，這是很少見的，只會發生在那些欲火焚身的女人身上。

灑水器 The Sprinkler

小便時會弄出非常大的噪音。

渴望者 The Desirer

這只會發生在少數女人身上。對一些女人來說,這是天賦異稟;而對其他女人而言,則是長久禁欲的後果。最明顯的特徵,就是它會主動尋找陽具,一旦鎖定目標,不到欲火被澆熄是不會放手的。

美人 The Beauty

這名稱適用於白皙飽滿的陰阜,其形狀圓潤如小山丘。任誰都無法轉移視線,沒有陽具能抗拒它的誘惑。

膨脹者 The Sweller

如此稱呼的原因是,一旦陽具抵達門口,它便會立即膨脹挺立,為它的主人帶來極大的滿足,而且在極度歡愉的時刻,它還會眨眼。

高額頭 The High-brow

它的恥骨彷彿是個莊嚴的額頭。

展延者 The Spreader

這麼稱呼是因為當陽具接近時，它似乎是要關上門，禁止通行，連小指頭也進不去，但陽具若用頭去摩擦，它就會很體貼地敞開大門。

巨無霸 The Giant

在它徹底敞開時，便會雙向開展，從恥骨到會陰都擴張起來，簡直是美得讓人傻眼！願真神因其美好，讓我們能永遠欣賞此般美景！

饕餮 The Glutton

它的喉嚨深廣。若它有一段時日沒有性交，當陽具一靠近，可能一下子就整個被它吞掉了，就像飢餓的人撲向食物一樣，嚼也不嚼地就吞下去。

無底洞 The Bottomless Pit

無盡深長的陰道，專門伺候超長的陽具，沒有其他的東西能滿足它的欲望。

厚唇者 The Two-lipped One

專指那種非常肥胖的女人的陰阜。

駝峰 The Camel's Hump

有此盛名是因為它那有如駝峰般挺立的陰阜，在兩腿之間伸展如小牛頭。願真神賜福，容許我們享受這樣的陰阜！阿門！

濾篩 The Sieve

當它接待陽具時，便開始上下左右前前後後搖動，直到完全滿足。

140

發動機 The Mover

一旦陽具進入，便毫不遲疑地猛烈震動，直到陰莖抵達子宮。除非整個過程圓滿結束，它絕不會停下來休息。

併吞者 The Annexer

這個陰道啊！在接待陽具的時候，便竭盡所能地緊抓著它，如果行得通，就一定會把睪丸也給吞進去。

收容所 The Accommodator

這封號是給那些有時欲火熾熱、渴望性交的陰道。因為看見陽具的滿足感，激勵它更賣力地來回運動，並急切地交出子宮，恨不能擺出歡迎的陣仗。若陽具想參觀其他特別的部位，它便會殷勤地帶陽具拜訪每一個角落。陽具要射精時，陰道會抓緊著龜頭並獻出子宮，然後賣力地吸吮陽具，擠出精液，導引進入期待已久的子宮。當然哪！若精液沒有流進子宮裡，女人操作陰道之樂趣便不算圓滿完工。

輔助者 The Helper

這稱呼是因為它協助陽具進入上下抽插。有了它的輔助，射精就會容易得多，而高潮也將圓滿達成。即使是持久的男人，也會被它征服。

拱門 The Arch

大尺碼的陰阜。

舒張者 The Extender

這稱號只適用於少數的陰阜。它可以從恥骨擴展到肛門，在女人躺下或站立時會加長，而坐下時會縮短，因此看起來跟原本的圓形不同。它會在雙腿之間展延如巨大的黃瓜。當女人彎下身子時，偶爾還能透過輕薄的衣物看見它。

決鬥者 The Duelist

這種陰阜啊，一旦陽具進入，它就拚命動，因為害怕還沒到高潮那傢伙就退縮逃跑。除非吸吮本能被喚醒，把陽具緊緊地抓住，否則便毫無樂趣可言。某些特定的陰阜，對性交充滿幹勁活力，不管是天賦異稟還是長久禁欲所致，總是張著大嘴迎向陽具，就像個飢餓的孩子衝向母親的乳房。於是，它跟陽具就像是兩名技巧純熟的決鬥者：在一方猛然撲向對手時，另一方就佯裝戰敗。陽具就像是一把劍，而陰阜是盾。誰先射精，就是失敗者，果真像是場格鬥啊！所以，更該奮戰至死！

隨時候教 The Ever-ready

這名詞是送給那種熱愛生殖器的陰道。它可不是受到硬挺陽具的脅迫、羞辱或命令。看見男人褲子隆起的部位，既不害怕也不覺得難為情；恰恰相反地，它熱忱地歡迎陽具，讓它安然休憩在圓丘上，不僅是給它在恥骨上安個座位了事，還要將之完完全全地迎進門，還讓睪丸在外頭哭喊：「噢！多麼不幸哪！我們的兄弟失蹤了，他大膽地躍入這個深淵，真擔心他的安危。他定然是勇士中的勇士，才敢闖入如此的深穴！」

陰道聽到了它們的哀嚎，希望能減輕它們對兄弟失蹤的恐懼，便叫嚷著：「別擔心，他還活著，而且也聽到了你們的哭喊。」於是它們回答：「妳說的若是實情，讓他出來給我們瞧瞧。」「我才不讓他活著出來！」陰道說。睪丸便問：「他到底犯了什麼罪要被處死？難道被妳監禁或鞭笞還不夠嗎？」陰道回答：「以創造天堂的真神為名，他只能鞠躬盡瘁後出現！」於是，陰道轉向陽具說：「聽見你兄弟說的話了嗎？動作快一點，好讓它們看看你，你的失蹤讓它們大受折磨呢！」

陽具射精後，一無所有地出現在它們眼前，但它們拒絕認它：「你是誰啊？噢！軟趴趴的幽靈！」「我是你兄弟啊！我病了，」它回答：「你們沒看見我進去之前的模樣嗎？先前看遍所有的醫生都沒效，但卻在裡頭找到一個了不起的醫生！完全不用檢查就把我治好了。」睪丸說：「噢！兄弟啊！我們跟你一樣受盡折磨，我們跟你是一體的啊！為何真神不讓我們跟著你接受治療？」

就這樣，精液流入睪丸並填滿了它們。睪丸因為期待著得到同樣的治療，便吵著：「噢！親愛的朋友，動作快些，快帶我們去看醫生！她會知道該怎麼辦的，因為她了解所有的病情。」

嘲弄 The Fleer

這是專指那些尚未見識過陽具的處女陰道，看著陽具在門外徘徊，輾轉迂迴地想要強行進入，它們就方百計地擋駕。

順從者 The Resigned

接待了陽具之後，便耐心忍受它所做出的任何舉動。它也順從地承擔最長久又最莽撞的性交，即便是第一百次，依然順從如故，毫無怨言，還會感謝真

神。即便是連續讓好幾個不同的陽具造訪後，仍一視同仁地順從。這種特質較常出現在本性熱情的女人身上；她們深信，若能滿足男人的需求，男人就永遠也不會退出了。

濕漉漉 The Wet One

顧名思義，但過量的分泌物對性愛歡愉相當不利。

路障 The Barricaded One

這是相當少見的。這個缺陷有時是肇因於失敗的包皮切割手術。

深淵 The Abyss

是個深不見底且無法抵達的裂縫。

反咬者 The Biter

陽具插入時，它會熱情地張口將陽具夾住。尤其是在射精時，男人會發現自己的陽具像磁鐵一樣被吸進去，直到精液被榨乾。若眞神裁定女人該受孕，精液已經就會被女人吸收，反之則被排出。

吸吮者 The Sucker

這個陰道，被禁欲後的飢渴或挑逗頻繁的愛撫所主宰，因而抓住了陽具，用足以榨乾它精液的力道吸吮，就像個吸奶的嬰兒。

黃蜂 The Wasp

這種陰阜，以力大無窮與堅硬的陰毛聞名。陽具接近時，就好像被黃蜂螫到似地。

暖爐 The Warmer

這是值得讚賞的陰阜。這種性交的樂趣，與其能夠產生的熱能等級成正比。

人間美味 The Delicious One

這種陰道因其實現了無與倫比的歡愉而得名，只有冒死抵抗過勇猛的野獸與成群的猛禽，才能與之相提並論。因爲猛獸都奮戰到至死方休，男人更應該如此！這種戰役沒別的理由，僅只爲了保障陰阜的甜美，達成人生至高無上的喜悅。而此樂只應天上有，我們只是先行品嘗了唯有眞神才能超越的喜樂。

要找到其他適用於女性器官的名稱並非不可能，但我認爲目前這些已足矣。

齋迪和費黛哈潔瑪的故事
The History of Djoaidi and Fadehat el Djemal

我愛上一名雍容華貴而完美的女人，她的身形美好，天生富有各種
魅力。她的雙頰紅潤如玫瑰，額頭雪白如百合；她的雙唇如珊瑚，皓
齒如珍珠，乳房如飽滿的石榴；她的嘴圓張如指環，舌頭彷彿鑲滿了
珍貴的寶石；她的雙眸黑白分明，總是睡眼惺忪地含情脈脈，而她的
聲音是最甜美的糖果；她的體態充滿了愉悅，胴體香醇如鮮奶油，且
純淨如鑽石。

至於她的陰阜，白皙、鮮明而圓滿如拱門。它的中央血紅並熱情如
火，觸感柔滑乾爽。她行走時，那裡便隆起如圓丘，或是一只倒扣的
杯子；躺下時，則在兩腿之間顯而易見，就像是一個躺在山丘上的小
女孩。

這女人是我的鄰居。其他女人都跟我一起說笑玩樂，挪揄我的色欲
遐想，我也沉迷於她們的親吻、擁抱、愛咬，以及吸吮她們的乳房與
頸項。我和她們都交媾了，就除了這鄰居外，而在這所有人當中，只
有她才是我真正想占有的，可是她不但不對我友善，還刻意迴避我。
我千方百計地接近她，刻意與她閒談，討她歡心，向她表白我的渴望
後，她唱頌了下面的詩句，但其中的意義對我成謎：

「在山之巔，我看見帳棚穩固地紮營，

引人注目地懸掛在半空中。

然而，噢！撐起它的竿子沒了。

就像沒有提把的水壺，

繩索散落，而中央塌陷，

只剩空蕩蕩的壺身。」

每回我向她告白我的激情，她都是如此回覆我，這些話語對我毫無

意義，而無法作答。無論如何，這只會讓我更激烈地迷戀她。為了滿足我的熱忱並平息我的激情，我請教了所有認識的智者、哲學家以及博學之士來解釋其中的意義，卻無人能解開這道謎題。

我持續地訪查，終於找到一位叫做阿波・諾爾斯（Abou Nouass）的大學者，住在非常偏僻的郊區，我聽說他是唯一有能力解開謎底的人。我對他詳述了我與這女人之間的談話內容，並背誦出前面提起的詩句。

阿波對我說：「這女人愛你勝過所有其他的男人，她長得非常豐腴飽滿。」我回答：「完全如您所言，您形容得彷彿她就站在您眼前似的。您說她愛我，但目前為止，她並沒有對我做出任何表示啊。」「她沒有丈夫。」「沒錯！」我說。然後他補充：「那我便有理由相信，你的陽具相當瘦小，而這樣的陽具無法帶給她歡愉，更不能熄滅她的欲火，她需要的是一個跟她門當戶對的陽具的愛人。也可能並非如此，告訴我實話！」我針對這點再三向他提出保證，為了證明，我的陽具開始勃起，直到完全膨脹。他告訴我：「這樣一來，所有問題都解決了！」便向我解說這詩句的意思：

「『帳棚穩固地紮營』，代表陰阜的尺碼巨大而亭亭玉立，那山峰指的便是雙腿了。『撐起它的竿子沒了』，表示她沒有丈夫，她用竿子比喻陽具。『就像沒有提把的水壺』，意思是若水壺沒有提把可以提起來，便毫無用處，水壺代表陰阜，而提把便是陽具。

『繩索散落，而中央塌陷』是說，沒有竿子支撐的帳棚，就像失去陽具支撐的陰阜，比喻一個沒有丈夫的女人享受不到完整的幸福！她又說，『只剩空蕩蕩的壺身』，你可以從她的比喻裡判斷，她的陰阜已備妥淫水來服侍。

聽著，若這淫水被放在水壺裡，就要小心取出，必須要用一枝又長又硬的杓子來攪拌，並用四肢抓穩水壺。只有這樣，才算準備妥當。用小湯匙絕對搞不定，因為柄太短了，還可能會燒傷她的雙手，這道

菜就做不成了。這是這女人原始本性的象徵，噢！齋迪！如果你的陽具不是值得尊敬的杓子，經不起這裝備齊全的淫水操勞，就不能讓她得到滿足。甚至，你若不能將她緊緊抱在懷裡，用你的雙手雙腳纏住她，就得不到她的垂愛。最後，你若被她燒乾自己的欲火，就像是杓子沒來攪拌，而讓水壺的底層燒焦了，那就永遠別想滿足她了。

你現在明白是什麼原因阻止她依從你的願望了。她害怕你一旦點燃了，卻無法澆熄她的火焰。」

「噢！齋迪！這女人到底叫什麼名字呀？」

「費黛哈潔瑪，意思是日出之美！」我答覆。

「去她的身邊吧！」聖者說：「並將我給你的詩句唸給她聽，你的戀情將成為美談，懇求真神！你要回來告訴我你們之間經歷了什麼過程。」

我答應了，於是阿波便對我唱頌了下面的詩句：

> 耐心點，噢！費黛哈潔瑪，
>
> 我明白了妳的話語，而所有人都會看見我如何一一遵從。
>
> 噢！妳啊！無論是被誰愛憐或受寵
>
> 都能在妳的魅力中歡欣鼓舞！
>
> 噢！我的珍寶！妳以為我羞赧於向妳表白。
>
> 是的，是愛讓我苦苦糾纏，
>
> 在妳面前像個傻子般獻醜。
>
> 他們認為我著了魔，說我是小丑耍猴戲。
>
> 天哪！真是可笑啊！
>
> 該當如此，就沒有別的陽具跟我的一樣嗎？
>
> 在這裡！看著它，測量它！
>
> 嘗過它的女人都會瘋狂的愛上我，
>
> 這是人盡皆知的事實，

妳遠遠地就能看見它像根挺立的柱子。

它若自動勃起，就會頂起我的衣裳而讓我羞慚。

現在請輕柔地拿起它，放進妳的帳棚，

安放在那著名的山巒之間，

它會像回到家般地安適。

妳會發現它在裡頭時絕不鬆軟，

卻會緊密黏合如鉚釘，

把它當作妳的水壺提把，

細細地檢驗它吧！

它是如何地亢奮又持久地勃起！

妳若想得到一枝恰當的杓子，

一枝用在雙腿之間的杓子，

就用我這枝來攪拌妳壺中心吧！

這會對妳有益，噢！我的愛人！

妳的水壺將會非常地滿足！

　　記住了這些詩句後，我離開了阿波，來到費黛哈潔瑪的家。她依舊是單身一個人。我輕輕敲她的房門，她立即如太陽東昇般美麗地現身。她說：「噢！真神的敵人，這次來找我又有什麼事情？」

　　我回答她：「噢！我的情人！是一件非常重要的事。」

　　「請說吧，我看是否能幫得上忙。」她說。

　　「妳不讓我進屋子裡的話，我就不說。」我回答。

　　「你今天真膽大妄為呀！」她說。

　　而我答覆：「的確是，噢！我的情人！膽大妄為是我的天賦之一啊。」

　　於是她轉身對我說：「讓你進屋後，你若無法滿足我的欲望，我該拿你怎麼辦？口是心非的騙子！」

　　「妳肯定會讓我分享妳的床鋪並寵愛我。」

　　她開始大笑，而在我們進入屋子後，她差遣一名奴僕將房門鎖上。
如同往常，當我懇求她答應我的求婚，她再度重複之前的詩句。她一
唸完，我便背誦了阿波教我的詩句給她聽。

　　在這唸誦的過程中，我看見她越來越感動，放鬆了警戒，開始呻
吟，並喘息著扭動身體：我知道品嘗欲望之果的時刻來臨了。當我唱
頌完畢，我的陽具早已勃起如柱般壯大，且持續展延中。費黛哈潔瑪
看見它產生的變化，魯莽地撲上去，將它抓在手上，拉進雙腿之間。

我便說：「噢！我的珍寶！我們不該在此苟合，進妳的房間吧！」

她回答：「給我安靜，你這浪蕩子！在眞神眼前！看著你的陽具越來越長，還撐起了你的袍子，我會失去理智。噢！我從未見過這麼大的陽具！快進入我這甜美飽滿的陰阜，多少人爲它瘋狂，因它而死，那些比你更優秀卓越的人，也未能如此占有。」

我再度重申：「除了妳的房間，我絕不在其他地方做這件事。」

她回答：「你若不在此時此刻進入這柔軟的陰阜，我會死去。」

我仍堅持要去她的房間時，她大叫：「不可能，我等不及了！」

我看見她雙唇顫抖，眼睛盈滿淚水。一種我常見的震顫襲上她全身，讓她臉色大變，彎身倒在地上，兩腿之間裸裎無餘，雪白的肌膚

讓她的陰唇看起來彷彿水晶上的一抹紅彩。

於是我檢查了她的陰阜，一個紫色中心點的白色圓頂小塔，柔軟而誘人。

此時，她抓住我的陽具，親吻它，說：「以我父親的信仰起誓，它必須插入我的陰阜！」便靠過來將它拉進了她的陰道。

我不再猶豫不決，立刻用我的陽具來協助她，將之放在她陰阜的入口。就在我的龜頭碰觸到她的陰唇時，她亢奮得渾身顫抖、喘息並哭泣著，把我壓在她胸膛上。

此時我再度讚嘆她陰阜的美，是如此的高貴動人，紫色中心將之襯托地更加白皙。它完美無瑕、圓潤飽滿，像是她腹部上一座曲線優美的圓丘。簡直是罕見的造物主傑作，是真神的賜福啊。

擁有這項特質的女人，恐怕當代無人能出其右。

看到她如此忘我，像鳥一樣地顫抖，彷彿被割掉了喉嚨，我推動自己的靶子進入她的身體。以為她可能無法完全接收我的陽具，我小心地移動著，但她卻狂熱地頂起臀部，說：「這還不足以填飽我的需求！」用力推送後，我把陽具完全頂入她體內，她痛得大叫，卻使得她移動得越加猛烈瘋狂。

她叫道：「不要錯過角落，不要太高或太低，最重要的是千萬別忽略中心點！中間啊！你若快要射精了，就讓它湧入我的子宮吧！這樣才能澆熄我的欲火。」於是我們反覆地進進出出，真是甜美無比。我們雙腿交纏，肌肉繃緊，持續地親吻、纏綿，直到同時感受到排山倒海而來的高潮。然後，我們便安靜下來，在這共同奮鬥的戰役過後，緩一口氣。

我想抽出我的陽具，但她不答應，還哀求我不要抽出來。我順從了她，但過了一會兒，她自己將它拉出來，擦乾它，又放回陰阜裡。我們再度重複同樣的遊戲，親吻、擁抱並規律地抽送。

一小段時間後，我們趁著還沒達到高潮，起身走進了她的房間。她遞給我一塊芬芳的樹根，要我含在嘴裡，還向我保證這能讓我的陽具

保持敏感。接著她要我躺下，並爬到我身上，用雙手抓起我的陽具，讓它完全地進入陰道中。我非常驚訝她的陰阜竟然如此活力充沛，且不斷地釋放熱流。它緊緊地包住我的陽具，夾住我的龜頭，我從未有過如此的經驗。

除了費黛哈潔瑪之外，之前我從未遇到過任何一個女人能夠完全接收我的陽具。我相信她絕對辦得到，因爲她豐腴又飽滿，陰阜既大又深長。

她跨坐到我身上，開始上升下降地運動。她不斷大聲喊叫、哭泣而緩慢下來，然後再加速，接著又暫停，如此持續來回運作。在我的陽具露出一部分時，她看著它，接著整個拉出來，近距離地仔細檢視，然後又再度插入，直到它完全地消失。她就這麼進行著，直到再度融入歡愉中。最後，她終於從我身上下來，自己躺了下去，要求我騎到她身上。我照做了，她將我的陽具完全插入自己的陰阜中。

我們就此繼續愛撫，輪流變換姿勢，直到夜晚來臨。我以爲是該表示離開的恰當時機，但她不同意，她要我保證願意留下來。我心想：「看來不論付出任何代價，這女人都不會放我走。天亮之後，眞神會給我指示的。」我留下來陪伴她，整夜彼此不斷愛撫，連想休息都沒辦法。

那一夜，我做了二十七次。我開始害怕自己將永遠無法離開這女人的房子了。

我最後順利逃出後，立刻去拜訪阿波，並告訴他這一切。他聽得目瞪口呆，第一句話就說：「噢！齋迪！你既無權又沒力量控制這樣的女人，她還會要你懺悔之前和其他女人共享的歡愉！」

然而，人們對她的舉止議論紛紛並到處散播，她爲了平息謠言，便要求我做她合法的丈夫。但我只是爲了尋歡作樂而已。阿波建議我：「你若娶了費黛哈潔瑪，將毀掉你的健康，眞神將取回賜予你的保護，她終將給你戴上綠帽子，因爲她的性欲是如此貪得無厭。」而我

答覆他：「這是女人的天性，只要陰阜還管用，便永遠貪婪。欲望未滿足前，她們不會在乎那是跟小丑、黑人、隨從，甚至是被社會鄙視唾棄的男人在一起。」

因此之故，阿波將女人的特質描述如下：

女人是天生的妖魔，

無人可信賴，人盡皆知。

她們若愛上一名男子，絕對出於一時的任性；

對她們越殘酷便越受熱愛。

總是善變又狡詐，我敢斷言

愛上她的男人必然迷失自己；

若被女人的愛經年累月地糾纏過，

就將證明我所言不虛。

男人年復一年慷慨為她們付出所有，

她們最後會說：「我向真神起誓！我的雙眼

從未見過他給過我這東西！」

你為她們傾家蕩產之後，

她們日日夜夜的呼喊將只有：

「給我！給我！男人！起來去買去借。」

若無法從你身上撈到好處，她們就會跟你作對，

對你說謊並毀謗你。

她們會趁主人不在時對奴隸頤指氣使，

一旦她們的激情升起便開始要詐。

只要她們的陰阜發情，便膽大妄為，

滿腦子只想逮住勃起的陽具。

真神哪！庇佑我們遠離女人的狡詐，

尤其是老女人啊。本該如此。

◆

第八章

On the Deceits And Treacheries of Women

女人的狡黠與善變

知道否，噢！首相大人（眞神永遠賜福與您！），女人眞是詭計多端又足智多謀啊，她們的詭計連撒旦也能騙過，至高無上的眞神也說，女人的欺騙本領極大，讓撒旦的伎倆也相形見絀。相較於眞神對撒旦與女人之計謀的評量，可想而知，女人有多麼厲害。

ی درد امن صبوری کشم اگرچه عشق و صبوری هی نقیض یکدیگر اند قطع

شبی عشق جمله بی صبر ست   نیست خلقی مگر که ظاهر د

تق زا با سکون جه آمیز ش   عاشق صابر از نوا ود ز ان

گفت ای خجسته ابن اجیانا که تو با من استصواب می آیئی و گاه کامی یا

مشاورت می زنی از بیش آنی نخواهی دید بنا بر انک کسی که در کار

نصواب جو یدسمان برد که بهت برد و کسی که در علمها مشورت کند به

丈夫通姦認罪的故事

Story of a Deceived Husband Being Convicted Himself of Infidelity

　　傳說有個男人愛上一名極為美艷的女子，她擁有所有你能想到的完美特質。男人想盡一切方法接近她，都被拒絕了，用昂貴的禮物誘惑她，也同樣無功而返。他不禁哀嘆抱怨，散盡財產只為了征服她，別無其他目的，卻把自己搞得如此悽慘。

　　這情形持續了一段時間，直到遇見一名老嫗，才讓他重燃信心。聽完他的痛苦抱怨後，老嫗說：「我會幫你的忙，懇求真神！」

　　老嫗立即出發前往這女人的房子，想見見她。但鄰居告訴老嫗，這屋子不可能進得去，因為裡頭有隻兇猛的母狗守著，總是惡狠狠地盯著人們，不讓任何人進入或離開。

　　老嫗聽完後十分高興地說：「我一定會成功，懇求真神！」於是，她回家裝滿一籃子的肉塊，然後回到這女人的房子前，並走了進去。

　　那隻母狗一看到她，立刻撲到她身上，但她拿出籃子裡的食物讓母狗看。這猛犬一看到這些美味的食物，立即開心地搖尾乞憐。老嫗在牠面前放下籃子，對牠說：「吃吧！我的好姊妹！妳的離開讓我難過極了，不知道妳發生了什麼事，我找了妳好久。現在好好吃一頓吧！」

　　當這母狗享用食物時，老嫗拍打著牠的背，那屋中的女人出來察看是誰在那兒，看到她那從不讓人接近狗，竟如此友善地跟陌生人在一起。她說：「噢！老婆婆！妳是如何認識我的狗的？」老嫗沒有回答，繼續摸著狗，還誇張地痛哭流涕。

　　女人於是對她說：「看妳這樣，我的心都痛了。告訴我，妳為何如此哀傷？」

　　「這隻母狗，」老嫗說：「原本是個女人，而且是我最要好的朋友。我們在某個黃道吉日，一同受邀參加婚禮。她穿上最好的衣服，

戴上最珍貴的珠寶飾品。半途上，一個男人前來搭訕，瘋狂地為她著迷，但她不願順從。於是，那男人獻出豐盛的禮物，仍然被她拒絕。數日後，這男人又找上她，對她說：『臣服於我的激情吧！否則我會召喚眞神讓妳變成母狗！』她回答：『儘管詛咒我吧！』於是這男人便召來了詛咒加諸在我朋友身上，將她變成了母狗，就在妳眼前。」

聽到這些話，這女人開始悲痛地大哭，說：「噢！老婆婆，我眞怕自己也會遇到同樣的遭遇。」「為什麼，妳做了什麼？」老嫗問。那女人回答：「有個男人迷戀我多年，即便是他說破了嘴，我仍是拒絕順從他的欲望，或聽他說任何話。更別提他耗盡家產，只為了得到我的垂憐。我總是回答他，我絕不會同意。而如今，噢！老婆婆，他恐怕已經召喚眞神來詛咒我了。」

「告訴我該如何認出這男人，」老嫗說：「免得妳也變成了狗！」

「妳要如何找到他？我能派誰去找他呢？」女人問。

老嫗回答：「就是我呀！我的女兒！讓我幫妳去找他吧。」

「要快啊！噢！我的母親，在他召喚眞神來對付我之前，快去找他。」

「我會在那天來臨前找到他的，」老嫗回答：「那麼，懇求眞神！妳明天就可以見到他。」

因此，老婦從容離去，當天就去見那個男人，並告訴他，已經為他安排好翌日的約會。

第二天，女人去見老嫗，因為她們雙方約定這場會晤該在此進行。她抵達時，等待了好一會兒，仍未見到那男人出現，肯定是被更重要的事情耽擱了。

　　老嫗思忖著這失誤，但她實在想不透他沒有出現的理由。老嫗看這
女人焦躁不安地，顯然早已欲火焚身。她越來越著急，忍不住問道：
「為什麼他還不來？」老嫗回答：「噢！我的女兒！一定是被重要的
事情耽擱，很可能是一趟必要的旅程。我會幫妳處理好這狀況的。」
於是她披上面紗，出去尋找那名年輕男子。但她對他毫不瞭解，根本
無從找起。

　　老嫗仍四處尋找，心想：「這女人此刻飢渴地需要男人。為何不在今天試試其他的年輕男人呢，或許能安撫她的熱情？可能明天我就找到那個男人了。」於是，老嫗開始物色其他相貌俊俏的年輕男子，而且很快就發現了一個。他絕對是個稱職的情人，看來也很樂意幫助她解決難題。老嫗跟他說：「噢！我的兒啊！我若安排你去見一位美麗高貴又完美無瑕的淑女，你願意跟她做愛嗎？」「妳說的若是實情，我願給妳這枚金幣！」他回答。這老嫗無法拒絕誘惑，拿了錢，便領他進入她的房子。

　　沒想到，這年輕男子竟然是那女人的丈夫，直到帶他進屋之前，老嫗都不知道。而她發現的過程如下：她先走進房中，對這女人說：「我找不到妳愛人的絲毫蹤跡，但，先撇下他不管，我找到別人來幫妳熄滅今天的欲火。我們明天再去搞定那男人吧。我這麼做可是得自真神啟示哪。」

　　這女人走到窗邊，去瞧瞧老嫗為她帶來什麼模樣的男人，正當這年輕男子走進房間時，她認出了那是她的丈夫。她馬上毫不遲疑地拿起頭巾遮住自己，直接走到他面前，打他一巴掌並大叫：「你在這裡做什麼？一定是想幹些通姦的勾當！我懷疑你很久了，每天都在這兒等待，我讓這老婆婆出去勾引你進來。今天終於讓我逮到了，你否認也沒用！虧你口口聲聲說你絕非浪蕩子！現在我知道你的為人了，今天就要訴請離婚。」

　　這名丈夫，相信他的妻子說的是實情，保持緘默而羞慚不已。

要從這故事中記取女人的狡詐，她們的手段是多麼高明。

迫使就範的戀情
Story of the Lover Against His Will

　　據說某個女人瘋狂的愛慕她的鄰居，此人的品德和孝順遠近馳名。即使她想方設法向他表明自己的熱情，卻頻頻遭拒，但她依舊下定決心非如願不可。

　　有天傍晚，她通知她的僕人，要為這男人設下一個陷阱，僕人聽命去將大門打開。然後到了半夜，她叫醒僕人，給了她以下的指示：「拿這塊石頭去敲我們家的大門，越大力越好，不要管我可能叫得多麼大聲，或弄出多吵的噪音。一旦妳聽到他打開門出來察看，就趕快回來，用同樣的方式敲打裡面的房門。小心別讓他瞧見妳，若看見有人來了就馬上進來。」僕人遵照指示一一去執行。

　　這鄰居是個本性善良的男人，總是熱誠地幫助有困難的人，且有求必應。聽到了外頭的撞擊聲，以及鄰居的叫喊後，他趕緊跑去支援，卻在進門後，驚恐地發現那僕人立即在他身後關上大門。而那房子的女主人抓住他，還大聲尖叫。他極力抵抗，但那女人毫不費力地就讓他陷入這樣的處境：「你若不滿足我的願望，我就要讓大家知道你到我家強暴我，才會搞出這麼多噪音。」

　　「真神所願皆圓滿！」這男人說：「沒有人能夠違抗真神的旨意，更別提逃離祂的權柄。」他試圖假借各種理由逃遁，卻徒勞無功，因為她再度尖叫，並大聲地吵鬧，引來許多人聚集。他發現若繼續抵抗，一世英名將毀於一旦，便屈服了：「饒了我吧！我準備好要滿足

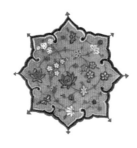

妳了！」「你進房間去，把房門關上！」她說：「你若想清清白白地
離開這房子，就別想逃走，除非你希望大家知道你是這場騷動的始作
俑者。」他看見這女人意志如此堅決，只好照著她說的做。而她便出
去打發前來一探究竟的鄰居們，隨便編了理由，讓他們解散回家。大
家安慰了她之後，便相繼離去。

　　然後，她關上大門，轉身回到她那不情不願的情人身邊，將他扣押
了整整一星期，直到完全把他榨乾，才放他自由。

要從這故事中記取女人的狡詐，她們的手段是多麼高明。

被驢戴綠帽的男人

The Story of a Man Who Was Made a Cuckold by His Ass

這故事是關於一個已婚的搬運工人，他養了一頭驢子幫他工作。他的妻子非常肥胖豐滿，而且陰阜既肥大又深長；相反的，他的陰莖卻是又小又綿軟無力。她顯然相當藐視他，頭一個理由是他的軟弱陽具，再來便是他很少履行夫妻義務。事實上，他根本沒有足夠的精力去達成任務，然而她卻總是欲火焚身，從來沒得到滿足，更別說是日夜狂歡了。的確，沒有任何男人能夠滿足她，也許她需要跟一整群男人交媾才行。

這女人每天晚上都帶飼料去餵頭驢子，每次都讓丈夫等很久，他總在她回來時問：「怎麼會去這麼久？」而她會回答：「我坐在旁邊看驢子享用晚餐。牠看起來好疲倦，真為牠難過。」

如此持續了相當一段時間後，丈夫從沒懷疑過有任何的不對勁，甚至每天傍晚疲倦地工作歸來，直接就進房休息，讓他的妻子去照顧這隻驢子。然而，她跟這隻動物卻越來越親密，而有了下面這些動作（真神竟創造出如此可憎的女人！）。每到餵食時間，她會取下牠的馱鞍，放到自己的背上，並將馱鞍繩帶扣在自己身上。然後拾起牠的一些糞肥與尿液，混合起來塗抹搓揉在自己的陰阜入口。接著，她將自己的手腳伸展開來，將陰阜面向驢子；這時，牠就會靠過來嗅聞著她的陰阜，以為是一隻母驢躺在面前，便跨到她身上。一旦驢子對上了

位置，她立即用手抓住牠的陽具，將牠的龜頭插入她的陰阜。於是，陰阜變得越來越擴張，以便讓驢子能一點一點地插入，直到完全安住進去，帶來驚天動地的歡愉。

這女人便如此跟驢子交歡了好長一段時間。直到某天夜裡，她的丈夫睡到一半忽然醒過來，想愛撫他的妻子，卻發現她不在身旁。他緩慢地起身，而走到馬廄，可想而知，當他看到妻子躺在驢子下面時有多吃驚，那驢子正上下地運作著臀部呢！「這是什麼意思，妳在幹什麼？」他叫道。但她快速且若無其事地從驢子下方出來並說：「願真神詛咒你！你從未同情你的驢子！」「但妳說說這到底是怎麼回事？」丈夫又再問。這女人說：「我拿飼料進來給牠吃的時候，他都不吃。我看牠如此地疲倦，便用手按摩牠的背和腿，才溜到了牠下面。我想到或許是他的馱鞍太重，為了確認，我自己揹上了這東西，而發現確實如此。現在我明白牠為何如此疲勞了。相信我，你若想保住你的驢子，可別讓牠操勞過度。」

要從這故事中記取女人的狡詐，她們的手段是多麼高明。

偷來的愛
A Larceny of Love

接下來的故事，是關於兩個住在同一個屋簷下的女人。其中一人的丈夫，有著既長又厚實堅挺的陽具，而另一人的丈夫，則是短小而非常綿軟無力。頭一個總是快樂地微笑，而另一個卻是每天清晨起床都哭喪著臉。

某天，兩個女人聚在一起談論她們的丈夫。

頭一個說：「我過得好幸福，我的床是享樂的天堂。每當我和丈夫一起躺在上面，它便是我們歡愉的見證者；我們親吻、擁抱且歡欣熱情地喘息，每當我丈夫的陽具進入我的陰阜，都是全然挺立，自動伸展，直到觸碰到我陰道的最深處，未拜訪過每個角落前絕不離開，門檻、前門、天花板以及房中央都一一拜會。當高潮來臨，陽具會恰當地在陰道正中心，在那兒灌注淚水，如此便能澆熄我們的欲火，安撫我們的激情。」

第二個回答：「我活得好悲哀啊！我的床是苦難的淵藪，而我們的交媾，是疲倦與困頓的結合，帶來憤恨與詛咒。每當我丈夫的陽具進入我的陰阜，總是空出許多空間，它是如此地短小，而無法觸及底

層。當它勃起時，便扭曲成奇形怪狀，完全無法帶給我任何的歡愉，既無精打采又瘦弱，它難得擠出一滴精液，絕對無法為任何女人帶來樂趣。」

這幾乎已成為兩個女人聚在一塊兒閒話家常的主題。

無論如何，事情仍發生了。那心中充滿哀怨的女人，心想若能跟另一個女人的丈夫通姦，該有多好。她跟自己說：「一定要！即使是一次也好。」於是她開始留意恰當的時機，直到她丈夫離家出遠門的那一晚。

那天傍晚，她為這即將付諸實踐的計畫進行準備，為自己抹上芬芳甜美的香水與精油。夜過三更後，她悄悄地進入另一個女人與丈夫的房間，他們正在睡覺。她摸索著尋找他們的床，發現他們兩人中間有一點空位，她於是溜了進去。這個空間稍嫌擁擠，但這對夫婦都以為是對方稍微擠了過來，而各自讓出了一點空位，這麼一來，便讓她計謀得逞地躺在他們中間。她靜靜地等待另一個女人睡得更沉些，開始慢慢接近那丈夫，用自己的身體接觸他。他醒了過來，聞到她身上散發的香水芬芳，就立即勃起了。他把她拉近，但她低聲地說：「讓我睡覺吧！」他回答：「安靜！讓我如願地做我想做的事情！孩子們不會聽到任何聲音的。」於是她便移了過去，讓他離自己的妻子更遠些，故意說：「隨你高興吧！但別把旁邊的孩子們吵醒了。」她採取這個預警措施，以防弄醒了他的妻子。

這男人，被這香水的芬芳氣息一催情，就熱情地把她拉過來，她圓潤飽滿的陰阜也頓時突出。他爬到她身上說：「用妳的手抓住我的陰莖，跟往常一樣！」她抓了起來，對那巨大的尺碼相當吃驚，並將它插入自己的陰阜。

這男人，注意到他的陽具竟然被完全地埋了進去，這是他從未能跟自己妻子達成的事；而這女人，也嘗到她從未在自己的丈夫那兒獲得的好處。

男人又驚又喜，輕鬆地在她身上做了兩三回，卻是越來越驚奇。最後他從她身上下來，癱倒在她身邊。

這女人等到他睡著後，又悄悄地溜了出房間，回到自己的房裡。

翌日清晨，這丈夫一起床就跟妻子說：「妳從來沒有像昨晚那樣甜蜜地擁抱過我，我也從沒在妳身上聞過這麼甜美的香水味。」「什麼擁抱？什麼香水？你在說什麼？」妻子問：「這房子裡一點兒香水也沒有。」她說他在編故事，肯定是作夢了。他也開始同意妻子的看法，不論是不是幻覺，都當作是一場夢。

經過這件事，就該賞識女人的狡詐，她們的手段是多麼高明。

一女事二夫
Story of the Woman With Two Husbands

有個男人在他旅居的國家住了一段時間後，開始渴望結婚。他跟一個當過媒人的老婦人說明了自己的意願，問她是否能為自己找到妻子。她回答：「我能幫你介紹一位天生麗質又善良純潔的年輕女孩，她肯定很適合你。只有一個缺點，她的事業占去了她一整天的時間，但到了晚上，她就會完全屬於你。這也是她一直小姑獨處的原因，因為她瞭解大部分的丈夫無法接受這種狀況。」

這男人回答：「請這位女孩不必擔心，我白天的時候也相當忙碌，只有在晚上才會需要她。」

　　於是他便想向她求婚。這名老婦將她帶來，而他對眼前的女人相當滿意。

　　自此，他們就遵從著彼此協議的條件生活在一起。

　　這男人有個至友，要求他去請老婦也幫他作媒。「這事輕而易舉，」老婦說：「我認識一位非常美麗的女孩，她會消除你最沉重的煩惱。只是她必需整夜不停地工作，但整個白天都會是你的。」「這應該不礙事。」這朋友回答。於是老婦把這年輕女孩帶來，他非常地喜歡她，也依照協議的條件跟她結婚。

　　但不久之後，這兩位朋友發現，這老太婆幫他們兩人介紹的妻子，其實是同一個女人。

經過這件事，就該賞識女人的狡詐，她們的手段是多麼高明。

芭喜雅的故事
Story of Bahia

　　據說有個名叫做芭喜雅的已婚婦人，她與情夫私通的秘密被傳開了，兩人不得不分開。她的離去給他帶來沉重的打擊，他因為再也見不到她而病倒。

　　有一天，他去見一位朋友，跟他說：「噢！我的好兄弟！有一股無法控制的欲望綁住了我，我再也無法忍受了。你能否陪我一起去探望我最摯愛的戀人芭喜雅？」這位朋友欣然同意了。

　　翌日他們騎上馬，經過兩天的旅程，來到了芭喜雅的住處附近。他們停下來，他跟朋友說：「你去跟住在裡面的人要求接待，但小心別洩露了我們的企圖。盡量找到芭喜雅的隨身女僕，告訴她我已經到了，讓她去告訴女主人，我想見她。」於是，他向朋友描述了那女僕的樣貌。

　　這朋友去找到女僕並告訴她所有的事情。她立即跑去見芭喜雅，並轉述自己聽到的一切。

　　芭喜雅給這朋友下面的訊息：「告訴那個帶你來的人，約會就在今晚。」

　　朋友回到他身邊後，便跟他討論芭喜雅決定的約會細節。

　　到了指定的時間，他們走到接近指定的樹木旁。沒過多久，他們就看見了芭喜雅。他一看見她來了，就衝過去見她，親吻她，把她緊緊地抱在懷裡，開始彼此愛撫。

　　他跟芭喜雅說：「噢！芭喜雅，難道就沒有任何方法可以讓我們度過今夜，而不讓妳的丈夫起疑嗎？」她回答：「噢！真神在此！若能討得你的歡心，就根本不需要這樣的詭計。」他說：「快告訴我如何辦到。」她問他：「你的這位朋友是否值得信賴又聰明機智呢？」他回答：「是的。」於是，她起身脫下身上的袍子，交給這朋友；這朋友則把他的袍子給了芭喜雅。

這男人驚訝地問：「妳打算怎麼做？」「安靜！」她回答，並轉身對這朋友吩咐：「到我的房裡，躺在我床上，三更之後，我丈夫會來找你，跟你要裝駱駝奶的瓶子。你就拿起水瓶，一定要拿在手中，直到我丈夫從你手上取走。這是我們平常會做的事，然後他就會離開，再帶著裝滿奶的瓶子回來，並對你說：『瓶子來了！』但你絕對不可以馬上從他手中取走，直到他重複這些話再拿，或者讓他自己放到地上。之後，一直到早晨之前，就再也不會看到他了。在這瓶子放到地上後，我丈夫就會離開，你要喝下三分之一的奶，再把瓶子放回地上。」

這朋友照做了，也看著這一切一一地發生，而就在這丈夫帶著裝滿奶的瓶子回來後，他沒有從他手中拿走，直到他說了兩次：「瓶子來了！」不幸的是，這丈夫剛要把瓶子放下，他卻把手抽了回來，而這丈夫以為他會接過瓶子，就放手了，結果瓶子掉到地上打破了。這丈夫認為他是在跟妻子說話，便大叫：「妳在想什麼呀？」就隨手拿起棍子打他，直到棍子斷掉，又拿起另一根棍子繼續打，打到他的背都快斷了。芭喜雅的母親和姊妹跑了進來，哭著請他手下留情，還好她們成功地讓這丈夫離去。而這時，他已昏死了過去。

後來，芭喜雅的母親跟他說了好久的話，他聽得非常厭煩，但除了緘默與哭泣外，別無他法。最後她終於講完了，說：「要相信真神，順從妳的丈夫。至於妳的愛人，他現在無法來給妳安慰，但我會叫妳妹妹來陪妳。」於是她就離開了。

接著芭喜雅的妹妹也過來安慰他，並詛咒那個打他的男人。他的心因為她開始感到溫暖，尤其是她長得如此美艷，擁有一切完美的特質，就像是夜晚的滿月。他把手放在她的嘴唇上，讓她停止說話，並打斷她說：「噢！女士！我不是妳想的那樣。妳姊姊芭喜雅現在跟她的愛人在一起，而我冒著生命的危險來幫她的忙。妳願意掩護我嗎？如果妳告發我，會讓妳姊姊蒙羞，而且惡魔會降臨在妳身上！」

這年輕女孩開始如樹葉臨風般顫抖，但一想到她姊姊正在做的事，

便開始大笑,並向這位真誠告白的男人臣服了。剩下的夜晚,他們在極樂、親吻、擁抱與同享的歡愉中度過。他發現她是最完美的存在,在她的雙臂中,忘了剛才被打的疼痛,他們不停地嬉戲、玩耍並做愛到天亮。

隔日他回到同伴的身邊。芭喜雅問他事情進行得如何,他對她說:「去問妳妹妹吧,她對一切瞭若指掌!我只知道,我們度過了一個共享歡愉、親吻而快樂的夜晚。」

於是他們再度交換衣裳,各自穿回自己的衣服,這朋友告訴芭喜雅一切發生在他身上的事情。

經過這件事,就該賞識女人的狡詐,她們的手段是多麼高明。

善於謀略卻爲女人所惑的男人

The Story of the Man Who Was an Expert in Stratagems, and Was Duped by a Woman

據說有個男人，專門研究女人爲了誘惑男人而發明的謀略，並宣稱沒有女人能騙得了他。

有個極其美艷且充滿魅力的女人，也聽說了他的狂言。於是爲他準備了一場盛宴，除了好幾種美酒之外，還安排了珍饈美饌，然後差人去邀請他來拜訪。由於她的美貌聞名遐邇，她成功地激起了他的欲望，立刻藉機接受她的邀請。

她穿上最精緻的禮服，噴上精挑細選的香水，保證讓任何男人見到她都會無法自拔。因此，在他受邀得以一親芳澤時，早已被她的迷人風采擄獲，並陷入她豔光四射的美麗深淵。

　　然而，這女人似乎正忙著丈夫的事情，顯然分分秒秒都在擔心丈夫隨時會回家。必須順帶一提的是，她的丈夫非常傲慢、善妒，還有暴力傾向，若被他發現任何人闖進他的房子，肯定會毫不遲疑地讓他立即見血。要是他發現有個男人在裡面，他會怎麼做呢？

　　當這女人與他獨處時，他自我陶醉地認為該占有她，她則為了增加情趣，打開了大門。

　　當她的丈夫正要進門時，看見這一桌備好的酒菜，非常地訝異，他問這是怎麼回事。「就是你看到的那回事啊！」她回答。「這是為誰準備的？」他問。「是為了我的愛人，他就在這兒。」「他在哪兒？」「在衣櫥裡。」她說，用手指著那大禍臨頭的地方。

　　聽到這些話以後，這丈夫馬上跳起來，起身走向衣櫥，卻發現鎖住了。「鑰匙在哪兒？」他問。她回答：「這兒！」便丟過去給他。但就在他把鑰匙插入鎖孔時，她忍不住大笑起來。他轉過身問她：「妳笑什麼？」她回答：「笑你的遲鈍和反應呀。噢！你們男人真沒常識，你認為我真的有愛人？還把他帶回家？然後還主動告訴你他躲在哪兒？當然不是這樣，那些零食是我為你準備的啦，我只是想跟你開個小玩笑。我若真有一個愛人，在你面前哪敢如此理直氣壯？」

　　這丈夫把鑰匙留在鎖孔裡而沒有打開，回到餐桌上，說：「我是起身沒錯，但我一點也不懷疑妳說的話。」接著他們便一起吃飯、喝酒、做愛。

　　那男人一直躲在衣櫥裡，直到這丈夫出門，女人才去放他出來，他相當地驚慌失措而且臉色慘白。經歷過一場迫在眉睫的劫難，他走出了衣櫥。女人跟他說：「好吧！你這自作聰明的人，自稱對女人的計謀瞭若指掌，在你的研究裡，有比這次更厲害的嗎？」他回答：「我現在得承認妳的謀略真是無人能敵啊！」

　　經過這件事，就該賞識女人的狡詐，她們的手段是多麼高明。

偷情適逢丈夫返家

Story of the Lover Who Was Surprised By the Unexpected Arrival
of the Husband

據說有個女人,嫁給一位殘暴凶狠的男人,就在她的情夫上門尋歡時,恰巧遇到丈夫旅行返家。匆忙之間,只好將他藏在床底下。她被迫將他處在既危險又不愉快的狀況,也想不到任何權宜之計好讓他離開這個房子。由於坐立難安,她來回踱步地團團轉,走到了大門口。她的鄰居,一個女人,看到她好像有麻煩,便問她怎麼回事,她於是將事情經過告訴她。那鄰居說:「回去房子裡,我擔保妳的愛人會安然無恙地出來。」於是這女人又回到房子裡。

鄰居也跟著她進來,陪她一起準備給丈夫的食物,後來他們三人一起坐下吃飯喝酒。這女人坐在她丈夫的對面,鄰居則面對著床。這時,鄰居開始說起了故事,是有關女人使詐的軼聞趣事,而躲在床下的情夫則聽著所有事情的經過。

鄰居說著說著,提到了下面的故事:「一名已婚婦女有個情夫,她對他柔情似水,而他對她的情感亦同。有天,這情夫趁著她的丈夫不在,來探望她。不巧,這丈夫剛好在他們相聚時,忽然回家了。這女人想不出別的辦法,情急之下就請情夫藏在床底下,然後坐到丈夫的身邊,開始跟他開玩笑嬉鬧。玩了許多遊戲之後,她用餐巾矇住丈夫的眼睛,她的愛人便藉此機會從床下溜出來,悄悄地逃走了。」

　　聽完故事，這女人馬上明白該怎麼做了。她拿起一條餐巾，矇住了
丈夫的眼睛說：「原來這就是讓愛人逃出窘境的好計謀呀！」此時，
床下的情夫趁丈夫毫無察覺的狀況下，成功逃離現場。丈夫完全不知
道是怎麼回事，聽完故事後大笑，而他妻子最後說出的話，以及她採
取的動作，更增添了他的樂趣。

經過這件事，就該賞識女人的狡詐，她們的手段是多麼高明。

◆

第九章

Concerning Sundry Observations
Useful to Know for Men
and Women

有益男女的探究

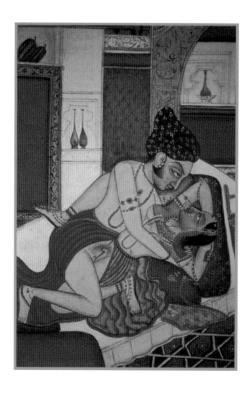

知道否，噢！首相大人（真神賜福與您！），這一章涵蓋的內容，具有最大的實質效益，而且只有這本書才提供這麼有用的知識。可以確認的是，知道總比無知好。知識可能是惡的，但無知更可怕。

這裡關於女人的各種事物，是您所不知道的。

從前有個女哲學家，叫做摩阿貝達（Moarbeda），被公認為當代最聰慧的女人。有一天，她遇到了各式各樣的詢問，而在這些問題當中，我挑出來列舉如下，並附上她的答覆：

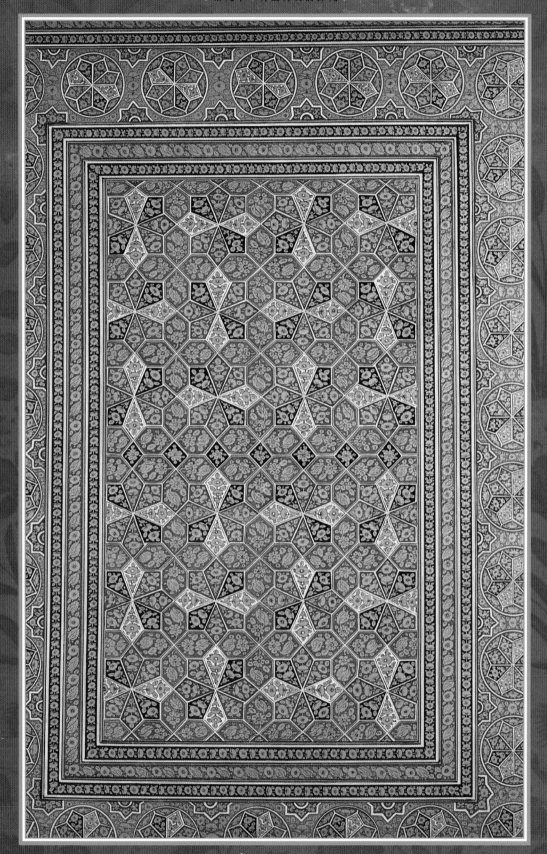

「女人的心安住在身體的哪個部位？」

「兩腿之間。」她答覆。

「她的樂趣又在哪兒？」

「在同一個地方。」她答覆。

「哪兒是男人的最愛與最恨？」

「女陰。」她說。接著補充道：「我們將陰阜交給所愛，而拒絕交給憎恨的男人。我們跟所愛共享財富，無論他給的有多微薄，都能滿足我們；即使他一貧如洗，我們也全然接受。但我們絕對與憎恨的男人保持距離，即便他獻上最大的財富也沒用。」

「在女人身體的哪兒，裝填了知識、愛意與美味？」

「眼睛、心與陰阜。」她說。

她進一步的解釋：「知識就存在眼睛裡，因爲它是鑑賞美的形式與外觀的部位。而心這位於中間的器官，讓愛戀穿入並奴役它。戀愛中的女人，試圖向情人求愛，並爲他設下釣餌。若她成功了，就會讓情人與她的陰阜相遇。陰阜品嘗過他之後，便知道他的甜蜜或苦澀滋味。而事實上，陰阜懂得如何品嘗出好與壞。」

「女人喜愛哪種陽具？哪種女人對性愛最飢渴，哪種女人對性愛最嫌惡？哪種男人會被女人喜愛，哪種又被女人憎惡？」

她回答：「並非所有女人的陰阜構造都相同，做愛的方式也很不同，對事物的愛憎亦如此；男人也是如此，不論是關於器官還是品味。一個豐滿的女人卻子宮甚淺，找到陽具短小肥厚的男人，就能完全填滿她的陰道，不需接觸到底層；反而又長又大的陽具，就不適合她了。若這女人的子宮深廣，陰道也很深，就只能渴望那種粗長堅實的陽具，這樣才能完全填滿並充實她的陰道；她將藐視陽具瘦小的男人，因爲他永遠不可能滿足她。」

下面列舉了各種女人的性情差異：暴躁易怒、憂鬱哀傷、樂觀自信、冷靜遲緩以及混合類型。那些性情暴躁易怒或憂鬱哀傷的女人，

大多不常性交，只跟同類性情的男人做愛。那些樂觀自信或冷靜遲緩的女人，對性交相當熱愛，她們若遇上陽具，會竭盡所能不讓它離開自己的陰阜。

以此類推，只有同樣性情的女人能夠滿足同類的男人。若有女人嫁給暴躁易怒或憂鬱哀傷的男人，他們將一起過著不幸福的生活。至於那種混合性格的女人，既不特別偏好性交，也不會抗拒排斥。

根據普遍的觀察，大部分個子嬌小的女人比高大的更熱愛性交。只有又長又精力旺盛的陽具才適合她們，如此才能讓她們得到床笫生活的歡快。

也有某些女人，只喜歡陰阜邊緣的性交方式。當男人爬到她們身上要把陽具塞入陰道時，她們會用手拿出來，將龜頭頂在陰阜的兩瓣陰唇之間。我有各種理由相信，這只是小女孩或還沒被男人愛過的女人，才會有的嗜好。我向真神祈禱，讓我們遠離這樣的女人，或那些不願順服男人的女人。

有些女人會服從丈夫所有的命令，並滿足他們，在性交過程，給他們最色情的歡愉，除非是被迫口交或虐待。有些人認為，她們會厭惡這種行為，是因為本身就討厭性交，或是跟丈夫作對。但事實並非如此，這只是各人性情不同罷了。

有些女人根本不在乎性交，因為她們只在乎尊嚴、個人名譽、野心以及世俗關心的種種事物。她們對其他人漠不關心，可能來自於內心的單純，或嫉妒，或她們的靈魂渴望另一個世界，或是過去暴力留下

的陰影。甚至，她們在性交中享受到的歡愉，並非僅仰賴陽具的尺寸大小，也關係到她們私處的特殊構造。

至於男人的性欲，我必需說，他們是否好於此道，也多多少少跟他們不同的性情相關，就像女人一樣有五種。唯一不同的是，女人憧憬陽具的渴望，比男人想要陰阜的欲望強大。

「女人有哪些缺失？」有人問。

摩阿貝達回答：「最糟的女人，就是當丈夫稍微碰觸一下她的私處時，就立即拚命地大聲哀嚎。同等級的惡女，就是當丈夫想保密時，她卻像個大喇叭，到處洩漏秘密。」

有人針對這議題繼續問：「還有其他的嗎？」

她便補充：「例如善妒的女人、對丈夫大吼大叫的女人、到處散播醜聞的女人、整天愁眉苦臉的女人、老喜歡對男人搔首弄姿而不安於室的女人，最後，還有一種女人，總是大聲嬉鬧，經常站在大門口，彷彿阻街拉客的流鶯。」

此外，還有那些喜歡插手旁人戀情的、經常抱怨的、喜歡偷丈夫錢的、脾氣暴躁跋扈的、跟丈夫分房睡的、總是讓丈夫為難的，或那些始終企圖欺騙、變節、毀謗並詭計多端的糟糕女人。

仍然有些女人不論怎麼做都很不幸、那些老愛抱怨並指責的、那些只在自己方便時才履行夫妻義務的、那些會在床上製造噪音的，最後，就是那些不知羞恥、缺乏才智、熱中談論是非跟包打聽的。

這些都是女人最糟糕的範本。

歡愉的要素
Concerning the Things Which Make the Generative Act Enjoyable

知道否，噢！首相大人（願眞神悲憐您！），能啓發性交激情的要素共有六項：分別是熾熱的愛、產量豐富的精液、門當戶對的戀情、美貌、適當的飲食以及爲人。

激烈且大量的射精所帶來的極度歡愉，僅發生在一種狀況下：就是陰道的吸吮功力要十分高強，才能緊緊地抓住陰莖，使之無法抗拒誘惑而噴出精液，這股力道只有磁鐵能與之相較。一旦陽具被這吸吮者抓住，這男人再也留不住精液，在他被完全榨乾之前，陽具都會被牢牢抓緊。但若這男人在還沒挑起吸吮者的情欲之前就射了，他就活該只能從這活動中獲得少少的樂趣。

您要知道，共有八種對性交有益的狀態：健康、無憂無慮、沒有羈絆、風流的性格、豐盛的飲食、富裕、女人多變的特質以及她的外觀。

◆

第十章

Wherein the Work is Terminated

圓滿的終結

知道否，噢！首相大人（願真神悲憐您！），這一章囊括了所有最有用的訊息，任何年齡的男人，都能將此當作增強性能力的絕佳處方。

來聽聽最有智慧最有學問的酋長，想告誡孩子們的最高指導原則。

斷食過後，必須每天定時飲食，吃好幾顆蛋黃，以滋補並刺激性能量。也有人將蛋黃和剁碎的洋蔥一起連續吃個三天，效果亦雷同。

燙一些蘆筍，然後用肥油炸一下，加入一些蛋黃和香料粉。每天這樣吃，就會發現欲望和性能力將與日遽增。

剁幾顆洋蔥放進燉鍋，加入一些調味料與香料，然後用油與蛋黃快炒，如果能吃上好幾天，性交時的充沛活力將超乎想像。

把駱駝奶與蜂蜜混合，養成長期飲用的習慣，將培養出驚人的體力，讓陽具日日夜夜維持勃起。

用雞蛋與沒藥、肉桂、胡椒一起烹調，吃個幾天下來，會發現勃起的活力驟增，性交的幹勁也突飛猛進。陽具會處於誇張的膨脹狀態，彷彿它再也不能休

息安眠。

若渴望夜夜春宵到天明，或因爲忽然性欲大發，來不及做好我提示過的準備，可以求助於下列的處方：用新鮮的肥油與奶油炒好幾顆雞蛋，等到熟透了，再跟蜂蜜一起混合攪拌。如果可以，盡量吃得越多越好，外加一片麵包，將會得到抒緩，而一夜舒坦。

也有些絕妙的飲料配方：準備一杯洋蔥原汁，加入雙倍的純蜂蜜。以慢火加熱，直到洋蔥原汁燒乾，只剩下蜂蜜。然後將這混合物取出放涼，收起來備用。將一盎司的這個混合物與三盎司的水混合均勻，再放入印度木豆浸泡二十四小時。非常適合在冬天的夜晚上床前，稍微喝一點點。男人只要喝下一點，陽具將一整晚不得安眠。

這帖處方連續服用數日後，陽具便會一直維持硬挺。熱情澎湃的男人絕不可使用這配方，否則會發高燒。除非是老朽或體質虛寒者，否則不建議服用這配方連續超過三天。而且任何狀況下，都不可在夏天飲用。

最後一個故事將告訴我們，關於一個男人的虛榮與愚昧的嫉妒，因爲唯有愛能囚禁激情──不過看守激情的獄卒可以用錢收買。

從前有個男人，娶了一個美麗的妻子。他非常愛吃醋，因爲他知道所有人都會耍的心機。因此之故，他出門前一定會把大門和陽台的門窗都鎖好。有天他的妻子跟他說：

「你爲何要這樣做？」

「因爲我知道妳的詭計與習慣。」

「你這麼做實在很糟，若一個女人眞想做什麼，所有的預防措施都是沒用的。」

「或許吧！正因如此，我才鎖上所有的門窗。」

「鎖上房門也沒用，若這女人決心要去得到你所想的。」

「好啊！妳想做就去做啊！」

　　就在她丈夫出門後，這女人爬到了屋頂，在上面打了一個洞，如此一來便能看見路人經過。此時，剛巧有個年輕的男人獨自走在街上；他抬起頭來，看見這女人，立即想要占有她。他問該怎如何才能接近她。她告訴他，他進不來的，因爲所有的門窗都鎖上了。

　　「那我們要怎麼見面呢？」他問。

　　「我會在房門上打個洞。當你看到我丈夫傍晚禱告回來後，先等他進屋，然後把你的陽具放入門上的洞，我會在對面用陰阜來迎接你。我們只能用這種方式性交，別無他法了。」

　　於是，這年輕男子看著這丈夫回到家，進屋後將房門關上。他馬上跑到那個挖好的洞前，把陽具放進去。這女人也處於警備狀態；好不容易等到丈夫進門，卻仍在院子裡走著，於是她藉口說要去檢查房門是否都鎖好了。然後，快速地將她的陰阜放到已經在洞裡等待的陽具面前，將它全部塞進了陰道。

　　然後，她熄滅手上的提燈燭火，呼喊丈夫來幫自己點燈。

　　「怎麼了？」他問。

　　「我戴在胸前的珠寶掉了，怎麼也找不到。」

　　於是，她丈夫提來一盞燈。這時年輕男子的陽具仍在她的陰阜裡，而且才剛射精完畢。

　　「妳的珠寶在哪兒掉的？」丈夫問。

　　「就在這兒！」她大叫並快速地抽回，讓那年輕男子的陽具裸露在丈夫眼前。由於剛從陰阜裡抽出，還濕漉漉地布滿精液。

　　看到這畫面的丈夫，猛然暈倒在地。當他醒過來時，他的妻子問：「唉呀！你的預防措施哪兒去了？」

　　「願真神讓我懺悔！」他回答。

寫了這樣一本書，

我的確犯下重罪！

噢！主啊！求您寬恕，

因爲我需要您的赦免：

倘若要等到最後審判日才能除罪，

唉，那麼我的讀者們將會與我一起，

眾聲齊喊……阿門！

國家圖書館出版品預行編目資料

波斯愛經：芬芳花園/理查‧波頓（Sir Richard Burton）原譯；菲利普‧敦（Philip Dunn）
編寫；陳念萱中譯. --初版. --臺北市：大辣出版：大塊文化發行, 2006〔民95〕 面；公
分. --（dala sex；13）譯自：The Perfumed Garden
ISBN：978-986-82719-1-3（精裝）1.性知識　429.1　95019763

not only passion